EL CEREBRO ENAMORADO

COLECCIÓN FUERA DE SERIE, 13

Miguel Pita

EL CEREBRO ENAMORADO

VIAJE BIOLÓGICO DEL SEXO AL DIVORCIO

EDITORIAL PERIFÉRICA

PRIMERA EDICIÓN: octubre de 2025

info@editorialperiferica.com
www.editorialperiferica.com

ISBN: 978-84-10171-61-9
DEPÓSITO LEGAL: CC-188-2025
IMPRESIÓN: KADMOS
IMPRESO EN ESPAÑA – PRINTED IN SPAIN

A Irene, que no es la protagonista de esta historia,
pero sí de la mía.

En memoria de Larry J. Young,
el mejor científico y también el mejor anfitrión.

PRÓLOGO
Esto, en el fondo, trata de ti

Si estás desesperado porque tu pareja te ha dejado y has caído en el desamor, o si buscas consejo porque no sabes cómo conquistar a esa persona que te atrae y obsesiona, éste no es tu libro. Si tu desolación es inmensa y consume tu atención, lee de nuevo la frase anterior porque quizá, por ansiedad, ibas demasiado rápido y has obviado que pone «no es tu libro» y has leído lo que querías leer, aunque en el fondo, este texto sí trata de ti, pero no más que de cualquiera. Este libro trata el amor desde un prisma teórico; no es un manual práctico de ayuda, así que en él no vas a encontrar consejos ni trucos para superar una ruptura ni palabras o expresiones como *resiliencia*, *fuerza mental* o *piensa en positivo*.

Éste es un libro sobre el amor, pero desde una perspectiva científica, así que solamente es útil por la remota razón de que todo el conocimiento probado, aunque sea de forma indirecta, lo es. La ciencia, en ocasiones no resuelve nada inmediato, pero siempre aporta. Además, alcanzar a comprender cómo funciona el cerebro, junto con su orquesta de neuronas y moléculas, en un estado de enajenación como es el amor es apasionante y entretenido. No es necesario más reclamo.

A pesar de estar basado en lo que la ciencia conoce sobre el enamoramiento, cabe también aclarar que éste es un libro de divulgación que busca comunicar asuntos complejos de forma sencilla y amena. Su intención es resultar accesible a toda persona que sienta curiosidad por los mecanismos biológicos del amor, motivo por el cual ha sido necesario realizar unas cuantas concesiones y asestar alguna puñalada trapera al rigor, calculadas todas ellas para no malograr este viaje apasionante al cerebro enamorado, aunque es probable y razonable que no todo el mundo esté de acuerdo.

Como no es un libro de autoayuda, el protagonista no eres tú, sino una pareja, Raquel e Íñigo, pero tan sólo porque las historias, para resultar digestivas, necesitan protagonistas a través de quienes vivirlas. Los seres humanos entendemos mejor los mensajes cuando se describen a través de las experiencias de individuos con los que identificarnos. En caso contrario, nos aburrimos con facilidad y podemos encontrar dificultades para interesarnos. Nos interesan más las historias que protagonizan nuestros iguales. Jamás funcionará una novela sobre cómo se levanta una catedral ni una película sobre el hundimiento del Titanic, por muy interesantes que sean los hechos, sin una historia humana de fondo. Así pues, en un libro sobre el amor sería casi un delito narrativo no tener a una pareja a la que seguir. Sin embargo, aunque nos centremos en Raquel e Íñigo, este dúo protagonista podría estar formado por cualquiera de nosotros, así como también podría tratarse de una pareja de una Raquel con otra Raquel o de dos Íñigos. En el fondo, todos los seres humanos somos extremadamente parecidos, al menos desde la perspectiva biológica, y en eso está incluida la capacidad de enamorarse, como para que merezca la pena hacer distinciones o hablar de uno o dos en concreto. Raquel e Íñigo, desde luego, no se merecen tanto protagonismo.

I

ANTECEDENTES: REFORMAS EN EL CEREBRO Y DOS TIPOS DE PLACER

DEL SEXO AL AMOR, QUE CONSISTE EN VOLVERSE ADICTO

Cualquier lista de Spotify o cadena de radio musical que escuchemos emitirá, sobre todo, canciones de artistas que intentan compartir con nosotros las sensaciones de su estado de enajenación amorosa. El mundo está lleno de gente que, de manera repentina, se enamora, altera su comportamiento y pierde, al menos durante un tiempo, el control sobre sus emociones y, en consecuencia, sobre su vida.

A pesar del descontrol que implica, no se considera que el amor sea una locura patológica ni un estigma. Más bien al revés: para la mayoría de los humanos es un momento mágico en sus vidas, una especie de borrachera maravillosa, imprevisible, descontrolada e incomprensible. Por suerte, gracias a disciplinas como la neurociencia, el enamoramiento ya no es tan enigmático, aunque se trate de un proceso mucho más complejo, sofisticado y difícil de estudiar que su pariente vulgar y simplón, el sexo. Una de las ideas principales del libro, y que no es mal reclamo para empezar, es que el amor es algo parecido a una relación sexual que se complica. En el fondo, como veremos, todo es culpa de las ganas de sexo, que siempre estuvieron presentes en la vida de nuestros antepasados.

Más allá de sus orígenes evolutivos, lo que les espera a Raquel e Íñigo, nuestros protagonistas, a partir de mañana, fecha en que se conocerán en el cumpleaños de Elisa, una amiga común, se asemeja bastante a convertirse en adictos el uno al otro. Esto es, a pesar de celebrarse como un fenómeno incomparable y casi sobrenatural, enamorarse consiste en algo parecido (más complejo y sano, pero parecido) a convertir a otro individuo en una droga a la que engancharse. De forma más precisa, de acuerdo con la definición de los expertos, el proceso consiste en vincular la información sociosensorial de una persona, es decir, la imagen que tenemos de ella, a una ruta de recompensa cerebral. Esto significa que aquel ser del que nuestra mente se enamora activa nuestros circuitos cerebrales de recompensa como lo hacen los alimentos sabrosos o las sorpresas agradables, pero con una intensidad exagerada y obsesiva, como lo hacen las drogas recreativas, que generan adicción.

En su similitud con los procesos adictivos, es destacable que el enamoramiento juega también con las dos caras de una misma moneda. Por un lado, sentimos un refuerzo placentero positivo en presencia de nuestra pareja, lo cual facilita la formación de un vínculo y las relaciones íntimas. Por otro lado, en la cúspide del enamoramiento, es inevitable padecer una sensación negativa en ausencia del ser amado. Este malestar promueve el mantenimiento del enlace y la búsqueda constante del reencuentro para evitar el sufrimiento. Por supuesto, el enamoramiento no es una adicción con consecuencias tan trágicas como las que provocan ciertas drogas recreativas, y esto es algo que debe quedar claro; sin embargo, además de esta estrategia dual de placer y dolor, comparte con ellas muchas de las estructuras cerebrales involucradas. Esto no es así por casualidad, sino porque las drogas se aprovechan de la existencia de estos mecanismos y circuitos, como veremos, pero el amor *estaba* antes.

ENAMORARSE IMPLICA HACER OBRAS MENORES EN EL CEREBRO

Han quedado expuestas de manera sucinta las dos premisas de este libro: que el amor es una derivada evolutiva muy sofisticada de las relaciones sexuales y que es semejante a una adicción. Ya hemos presentado también a los dos protagonistas, Raquel e Íñigo, que podríamos ser cualquiera de nosotros, ya que el amor acecha a todos los seres humanos, así que tan sólo queda introducir el elemento clave de este texto: el cerebro. En él ocurren los procesos más fascinantes del enamoramiento, y, aunque ningún productor de cine financiaría una película que tuviera a este órgano blando y de aspecto retorcido como protagonista, es la verdadera estrella de cualquier historia de amor.

En un análisis muy básico, el fenómeno del amor se sustenta en la capacidad de nuestro cerebro de incorporar modificaciones con el fin de resolver nuevas situaciones, algo que acontece con frecuencia, no sólo cuando nos enamoramos. Ocurre también, como hemos sugerido, cuando nos enganchamos a una nueva sustancia, pero las reformas no solamente se ejecutan en situaciones dramáticas, sino asimismo de forma cotidiana. El órgano jefe de nuestro cuerpo, el cerebro, recoloca sus piezas, que son las famosas neuronas, para adquirir nuevas capacidades, como sucede, por ejemplo, con la memoria. Podemos retener la letra de la nueva canción del verano porque, a base de escucharla, ciertas neuronas se ven forzadas a reconfigurarse de manera que la podamos repetir.

De modo análogo, cuando nos enamoramos, se reordena el tráfico en nuestro cerebro de forma contundente. Se cortan calles y se inauguran nuevas autopistas de neuronas que inundan con un tráfico descontrolado de diversas moléculas químicas las regiones mentales que sirven para recordar a nuestro ser amado, así como se riegan generosamente los circuitos de recompensa encargados de causarnos placer en su presencia. Cuando caemos en el estado de enamoramiento, el cerebro se remoza y se viste de gala, como las calles de los pueblos en las fiestas patronales.

Entre las moléculas que viajan de un lado a otro del cerebro cuando surge el amor, se encuentran algunas hormonas y algunos neurotransmisores muy conocidos, como la testosterona, los estrógenos, la oxitocina, la serotonina o la dopamina. Esta historia la protagonizan tanto personas como células y moléculas, ya que el amor no es un producto astral ni una broma de Cupido. No es más que un fenómeno biológico, y no olvidemos que muy relacionado con algo tan prosaico, mundano y ubicuo en la naturaleza como es la reproducción sexual.

DOS TIPOS DE PLACER

No se puede entender el comportamiento humano, ni escribir sobre amor y toda la LUJURIA que lo rodea, sin hablar de placer. La búsqueda de placer es la explicación más frecuente para comprender la motivación de la mayoría de los actos humanos, aunque afirmarlo parezca una generalización muy atrevida.

Intentar definir qué es el placer es una tarea en extremo compleja, a pesar de ser una sensación que experimentamos de manera cotidiana. Podemos tomar conciencia de la dificultad de describirlo si nos imaginamos tratando de explicárselo a alguien que nunca lo ha sentido. Afortunadamente no es el caso, y cualquiera que lea esto ha disfrutado de actividades placenteras en mayor o menor medida, y, seguramente, a diario. Por tanto, podemos ceñirnos a la idea de que el placer es una sensación agradable que nos invita a repetir la acción que la ha provocado. Lo interesante es que en esta definición de placer se encuentra la idea de ambicionar la repetición del estímulo que lo desencadena, algo en lo que quizá nunca hayamos reparado.

Definiciones aparte, para acercarnos a captar la importancia del placer, debemos empezar por reconocer que su búsqueda es el motor que nos impulsa a la mayoría de nuestros actos. De hecho, una necesidad tan mundana como beber agua nos premia con placer varias veces al día para que no dejemos de perseguir una vital reposición de líquidos. Con el objeto de profundizar un poco más en el tema, podemos empezar por afirmar que Raquel e Íñigo no sólo disfrutan de un tipo de placer en su vida cotidiana, sino de varios. Su cerebro, como el de cualquiera, dispone de un amplio conjunto de circuitos que causan placer cuando se activan, algo que puede ocurrir ante estímulos tan variados como el orgasmo o una entretenida partida de cartas, además de cuando bebemos agua. Por supuesto, no todas las vivencias que causan placer provocan una sensación idéntica, aunque tengan en común el ser gratificantes y estimular nuestras ganas inconscientes de revivirlas. Es indiscutible que tanto las relaciones sexuales como descubrir que todavía faltan varias horas para que suene el despertador son ambas sensaciones placenteras pero distintas, así que su producción en el cerebro debe implicar diferentes estructuras y moléculas, y, por ello, las vivimos con dispar intensidad.

De una forma práctica y simplificada podemos distinguir dos grandes tipos de placer, aunque la realidad sea mucho más compleja. El placer más básico y evidente es el que obtenemos cuando estamos realizando, o acabamos de concluir, ciertas tareas satisfactorias, por ejemplo, tener relaciones sexuales o alimentarnos. Un orgasmo y una cena pueden diferir en la magnitud de la sensación, pero en ambos casos originan la gratificación del llamado *placer consumado*. Sin embargo, existe otro tipo de placer que los seres humanos explotamos y disfrutamos vivamente. En este caso se trata del *placer anticipado* y consiste en la satisfacción que sentimos cuando sabemos que existe en el horizonte cercano un momento de placer consumado. Lo experimentamos, por ejemplo, si, inesperadamente, una potencial pareja con la que hemos salido a cenar nos invita a acompañarla a casa. En ese momento un pico placentero e ilusionante nos recorre porque visualizamos unas posibles relaciones sexuales. O si tenemos éxito en una entrevista de trabajo y anticipamos que nos van a contratar. Lo llamamos *placer anticipado* por adelantarse al futuro placer consumado y entregar una sensación gratificante a fondo perdido muy distinta de la que sentimos al saborear un helado o cuando nos tumbamos en el sofá a descansar; es un disfrute con la imaginación.

Cabe insistir en que esta división del placer en *consumado* y *anticipado* es una partición simplificada que resulta práctica en los temas que estamos tratando. Por supuesto, aunque pueda no parecerlo en un primer análisis, ambas formas de placer, como cualquier otra que pudiéramos imaginar, están muy relacionadas con premiar acciones vinculadas con la supervivencia y la reproducción, en buena lógica evolutiva.

PLACER CONSUMADO: EL PLACER MÁS BÁSICO

A pesar de la mencionada dificultad que puede entrañar describir el placer con precisión, es evidente que sentimos satisfacción cuando estamos bebiendo un vaso de agua después de un largo rato de calor, o disfrutando de una barbacoa en una fiesta con amigos, o cuando hemos terminado de hacer el amor o de entrenar karate. Este bienestar tiene lugar porque en esos momentos ciertas neuronas del cerebro liberan masivamente sus moléculas en áreas concretas donde nos producen sensaciones de placer consumado. Como se mencionó antes, algunas de estas moléculas tienen nombres muy reconocibles, como la oxitocina, la serotonina o las endorfinas e interpretan un papel importante en esta historia. Aunque todavía tendrán que conocerse y superar otros retos, ésta es la agradable sensación que Raquel e Íñigo disfrutarán cada vez que alcancen el orgasmo, y a la que podrán acceder recurrentemente una vez tras otra cuando tengan relaciones sexuales (perdón por el espóiler), ya que el premio del placer consumado, y esto es importante, parece no tener fecha de caducidad.

Es fascinante lo que los humanos somos capaces de hacer para que se liberen estas moléculas placenteras en nuestro cerebro. Somos capaces de inmensos esfuerzos, como a cualquiera le resultará evidente repasando su vida cotidiana: comemos, bebemos, tomamos café, echamos siestas, oímos música, leemos, contamos historias, reímos, abrazamos, besamos… Volvemos a comer, volvemos a beber, etcétera. Es decir, nos pasamos el día persiguiendo el placer. Es cierto que hay momentos de desinterés, por ejemplo, inmediatamente después de las relaciones sexuales o de una copiosa comida pasamos por un período refractario de saciedad, pero los estímulos que llevan a este tipo de recompensa recuperan su atractivo al cabo de un rato. Lo último que nos apetece con el estómago lleno es volver a empezar a comer, incluso en ocasiones pensamos que nunca más volveremos a tener apetito; sin embargo, con el paso de unas pocas horas volvemos a ello y con el mismo interés. En conclusión, acceder al placer consumado es un recurso inagotable.

El resto de los animales también buscan el placer consumado y, aunque ellos no disfruten riendo o cantando, practican y repiten los comportamientos con los que su cerebro les ofrece placer: comer, beber, aparearse y hasta otros más complejos, como relacionarse o incluso jugar. Quizá no parezca evidente, pero las actividades que provocan el placer consumado son de gran ayuda para nuestra supervivencia o reproducción. Una gacela no se la jugaría acercándose al río de los cocodrilos, donde además la acechan los leones, si no sintiera placer al beber. Es decir, el placer consumado es el premio más universal del reino animal porque premia actividades relevantes para nuestra propia vida.

Además, este placer se obtiene asociado a comportamientos que el cerebro programa que ejecutemos con frecuencia, aunque no reflexionemos por qué. Desde luego la gacela desconoce la inmensa utilidad del agua en su organismo. De manera similar, nuestra mente tampoco nos informa de que debemos comer para obtener la energía diaria que es necesaria para no morir, ni de que tenemos relaciones sexuales para, en última instancia, reproducirnos. Tampoco de que jugar ayuda a los niños y a los cachorros a desarrollar su mente, su percepción espacial y su conocimiento del medio. Nuestro cerebro se limita a ofrecernos placer a cambio de realizar estas actividades que, aun sin reparar en ello, nos resultan beneficiosas. En conclusión, no orinamos para evitar morir intoxicados, simplemente nos apetece de manera intensa, puesto que pagar con placer nuestros actos o castigar con dolor nuestra inoperancia es más práctico que reflexionar sobre por qué hacemos cada cosa que hacemos. De nuevo, pura evolución.

PLACER ANTICIPADO: EL PLACER QUE CADUCA

El recién mencionado placer consumado se encuentra muy presente en nuestras vidas porque lo reconocemos en cada bocado de una onza de chocolate, en cada taza de café, vaso de agua, helado de pistacho o mordisco de filete, así como en cada abrazo, beso o noche de cervezas con amigos. Es la satisfacción de estar haciendo lo que nos apetece estar haciendo. Sin embargo, el placer anticipado es menos fácil de observar en la vida cotidiana, pero no por ello menos relevante. Lo más singular del placer anticipado es que nos hace disfrutar de una tableta de chocolate sin abrir, no de su ingesta. Por ejemplo, si descubrimos en la despensa un paquete de nuestras galletas favoritas que no sabíamos que estaba allí, sentimos esa agradable satisfacción de estar a punto de hacer lo que nos gustaría. El mismo día en que acabaría conociendo a Raquel, al salir de trabajar, Íñigo caminaba por la calle pensando en sus asuntos cuando se sorprendió al ver una inesperada heladería. En aquel momento, todavía lejos del premio, ya sintió un pico de placer, ese que le recompensaba por lo que sabía que ocurriría cuando se comprara un helado. El placer anticipado es una capacidad realmente sofisticada y asombrosa del cerebro. Se desata cuando saboreamos una futura recompensa. Por ejemplo, mientras hacemos un esfuerzo físico agotador, podemos pensar en el agua fresca que beberemos después, del mismo modo que podemos imaginarnos en una terraza tomando una cerveza mientras aún estamos en el trabajo.

El placer anticipado es aún más impactante cuando es inesperado, es decir, cuando experimentamos una sorpresa agradable que se adelanta a una recompensa de placer consumado. Por ejemplo, cuando llegamos a casa y huele a nuestra comida favorita, o cuando descubrimos un billete olvidado en el bolsillo al volvernos a poner un abrigo. En estas situaciones, nuestro cerebro pone en marcha las autopistas de neuronas que producen dopamina, la molécula característica asociada a este tipo de placer cuya aparición ansiamos y perseguimos procazmente. Íñigo sentirá un inmenso pico de placer anticipado la primera vez que Raquel conteste a uno de sus mensajes. También, la primera vez que suban juntos a su casa. Durante el enamoramiento, ambos sentirán placer anticipado cada vez que sepan que se van a reencontrar.

Así ocurrirá hasta que deje de ser improbable, cuando el romance se vuelva parte del presente y no sea una posibilidad complicada de alcanzar y ubicada en el futuro, ya que si hay algo realmente sorprendente y característico del placer anticipado es su capacidad de agotarse. Un mismo estímulo, si se vuelve cotidiano, pierde el poder de provocar este tipo de placer. Por eso, si comemos todos los días un cucurucho de pistacho en la misma heladería, dejaremos de sentir placer anticipado al salir de la oficina y dirigirnos hacia el premio. Seguiremos disfrutando el helado, pero habrá desaparecido la ilusión. Es un placer que está vinculado a lo novedoso, a la sorpresa, a premiarnos por estar a punto de alcanzar nuevos logros. Probablemente, la cantante Mariah Carey ya no siente una sorpresa placentera cuando recibe cada enero las cantidades ingentes de *royalties* generados por su manido villancico navideño: es algo habitual y tan sólo podría frustrarse si deja de recibirlo. De forma análoga, las pasadas Navidades Íñigo sintió un pico de decepción al recibir la cesta con alimentos con que su empresa obsequia a los trabajadores. Los primeros años, la simple llegada de un regalo institucional lo excitaba, pero esta última vez comprobó con desilusión que era la misma cesta navideña de siempre: ni la cantidad de los productos incluidos había aumentado ni la calidad había mejorado, pese a que él ya era un miembro asociado de la empresa.

El placer anticipado tiene la oscura faceta de volvernos ambiciosos e inconformistas, ya que necesitamos renovar las actividades que lo producen. De hecho, podremos ilustrar la diferencia entre los dos tipos de recompensa, anticipada frente a consumada, imaginando el placer anticipado que sentirá Íñigo cuando Raquel acepte salir con él a cenar poco después de conocerse, y comparándolo con el estado placentero que sentirán después de cada orgasmo. El primero decaerá; el segundo podrán disfrutarlo hasta la última vez que se acuesten, en la que lo menos placentero será la excitación de saber que ese día también yacerán juntos.

Aunque la realidad es mucho más compleja, en nuestro relato amoroso cada tipo de placer estará representado por la molécula característica que lo produce. La oxitocina se responsabilizará de gran parte del placer consumado que sientan nuestros protagonistas, mientras que la dopamina será la reina del placer anticipado. Sin embargo, el centrar nuestro análisis en el romance de Raquel e Íñigo no debe hacernos perder la perspectiva de lo trascendentes que son las búsquedas cotidianas de estas dos formas de placer ni de las grandes diferencias que existen entre ellas. Éstas se pueden resumir en que, mientras que el placer consumado es un estímulo que invita a repetir, el anticipado invita a innovar, a descubrir, a experimentar y nos orienta hacia nuevas expectativas. Esto tiene una gran cantidad de consecuencias en nuestra vida e incluso en la historia de la humanidad, que refleja una permanente búsqueda de novedades.

Es interesante destacar que el placer anticipado está reservado a seres con un cerebro muy desarrollado que les permite visualizar lo que está por ocurrir. Por eso es tan característico de los seres humanos, que vivimos gran parte de nuestro tiempo imaginando, planeando y proyectándonos en el futuro. De hecho, no sabemos de ninguna perra que haya meneado la cola el día que se entera de que está embarazada, porque ni se entera de manera consciente y anticipada, ni entiende que eso tenga que ver con la existencia de los futuros cachorros que tanto cuidará y protegerá; mientras que el repentino pico de excitación de placer anticipado que experimenta una futura madre humana cuando comprueba que, por fin, se ha quedado embarazada tras intentarlo durante meses, es una sensación diferente al placer consumado que sentirá cuando abrace a su bebé recién nacido, a pesar de que ambos estímulos provocan grandes y gratos placeres.

Sin duda, los animales disfrutan del placer consumado que los estimula a comer, beber, aparearse y cuidar a sus crías, pero sólo muestran alguna forma muy elemental de placer anticipado. Podemos presenciarlo cuando *Canelo* se exalta anticipando que va a salir de paseo o va a recibir de premio una galleta, pero no es comparable a la inmensa y reiterada proyección de futuro que ponemos en práctica los humanos, quienes podemos sentir un placer extremo pensando en lo gratificante que será cuando tengamos en las manos nuestro nuevo libro publicado o disfrutemos este año de diez días más de vacaciones. En efecto, no sólo buscamos ese tipo de recompensa y la saboreamos, sino que, casi de forma inevitable, acabamos hipotecando nuestra vida por el placer que ofrecen los potenciales logros futuros, aunque quizá no seamos capaces de reconocerlo.

2

FUNDAMENTOS: REPRODUCCIÓN SEXUAL Y MONOGAMIA SOCIAL

REPRODUCIRSE ES LO ÚNICO REMOTAMENTE PARECIDO A LA INMORTALIDAD

Todos los amigos de Raquel e Íñigo, incluso los menos perspicaces, son capaces de distinguir, sin esfuerzo y de forma intuitiva, a los seres vivos de los objetos inertes. Entre los primeros estamos nosotros, los humanos, junto con el resto de los animales, las plantas, los hongos y otros pequeños seres unicelulares, como las bacterias. Cualquiera con la limitada capacidad de abrir una puerta con una llave sabe que el mosquito que le picó anoche está vivo y que las piedras o un libro no lo están. Sin duda, no es necesario empeñarse en ofrecer una definición de lo que es estar vivo para apreciar el singular fenómeno de la vida.

Así pues, podemos avanzar para tratar ideas algo más trascendentes, como que el principal requisito para que la vida no se detenga ni se extinga es que los individuos se reproduzcan, que transmitan su singular estado de vitalidad a la siguiente generación. Es imprescindible que lo hagan antes de que sea tarde, es decir, antes de estar completamente oxidados o muertos, porque los seres vivos nos estropeamos como las persianas y las cerraduras, en gran parte por oxidación y, además, el final es inevitable. El mismo oxígeno que necesitamos para poder respirar es un compuesto químico tan reactivo que estropea la maquinaria de nuestras células, como si fuese un amigo que entra en nuestra casa con las mejores intenciones, pero con los zapatos manchados de barro. O, más bien, el oxígeno es como si fuera una pareja, una relación tóxica que nos hace daño, pero sin la que no podemos vivir. Necesitamos el oxígeno para respirar, pero, al mismo tiempo, nos envenena lentamente. Por eso, o transmitimos la vida o ésta se acabará extinguiendo cuando el último de nosotros se haya consumido como una hoguera en la playa.

En resumen, esforzarse en sobrevivir día a día es fundamental para no desaparecer a la primera de cambio, o cuando aún es pronto, ya que la inmortalidad no es una opción para seres frágiles y orgánicos (y que se oxidan) como nosotros. Sin embargo, todos los seres vivos tenemos la posibilidad de reproducirnos. Es decir, podemos dejar una versión renovada de nosotros mismos con el cuentakilómetros de la oxidación sin estrenar en un intento de hacernos pseudoeternos. Todos moriremos, pero antes se nos ofrece la generosa oportunidad de crear una copia de gran calidad, aunque levemente diferente, mezclada y diluida. Estar vivo es una especie de préstamo a medio plazo muy ventajoso porque siempre ofrece la opción de reciclarse en un nuevo individuo a través de la reproducción.

LA REPRODUCCIÓN SEXUAL ES UNA REPRODUCCIÓN DIFICULTADA

Reproducirse puede ser un fenómeno sencillo; de hecho, a una gran parte de los seres vivos que pueblan el planeta les basta con partirse en dos para poner en práctica un proceso de reproducción asexual. Así ocurre con las bacterias, por ejemplo, e incluso con otras especies algo más complejas, entre las que se hallan algunos hongos, plantas y hasta animales, como las esponjas o las estrellas de mar.

Sin embargo, para crear nueva vida, los seres humanos (al igual que otras tantas especies de plantas, hongos, insectos, moluscos, peces, anfibios, reptiles, aves y mamíferos) necesitamos encontrar una pareja con la que juntar nuestras células reproductoras, todo un reto. Aunque en nuestra vida la sexualidad puede ser un comportamiento familiar y cotidiano, no debemos olvidar que la reproducción sexual es una solución muy complicada para el objetivo de dejar copias sin oxidar. La razón principal es que implica coordinarse con otro individuo que lleva su propia existencia, un requisito que lo pone todo un poco difícil. En consecuencia, el sexo debería parecernos un fenómeno fascinante por una razón que no suele ser la habitual: porque exige que dos completos desconocidos decidan unirse para practicar una misma actividad. En conclusión, la última oportunidad para aspirar a la pseudoinmortalidad del individuo mortal es reproducirse, pero es un reto que no puede llevarse a cabo sin la ayuda de otro. Desde luego, como solución al problema de propagar la vida es de lo más enrevesado, pues depender de otra persona dificulta cualquier tarea, aunque sea una sencilla, como coordinarse para recoger a los niños en el colegio o ir al cine. De hecho, para calibrar lo extravagante que es la reproducción sexual, podemos visualizar lo extraño que nos resultaría que otro tipo de faena de relevancia biológica, como defecar, requiriese convencer y coordinarse con otro ser humano para poder consumarse. Pero la necesidad de coordinación no es el único rasgo característico de la reproducción sexual, ya que quizá lo más llamativo sea el grado de avidez con que se anhela.

EL SEXO HAY QUE PREMIARLO DE MANERA GENEROSA

Si analizamos la trascendencia de sus consecuencias, parece comprensible que el impulso sexual de los individuos sea la fuerza motivadora más acuciante que se pueda experimentar, solamente equivalente al instinto de supervivencia, ya que supone dar el relevo a nuestras vidas. Es tan constitutivo y necesario que nuestro cerebro nos prepara para interpretar la sexualidad como un fenómeno familiar y poco extravagante, pero, en cierto modo, el sexo es como el ombligo: solamente nos parece normal porque nos viene de serie; si no, podríamos mirarlo como algo realmente extraño.

Además, y sin duda para vencer las dificultades de coordinación que implica, nos encontramos llenos de interés en satisfacerlo. En los mamíferos, el sexo está premiado con placer para que los individuos lo practiquemos sin pereza y por gusto. De hecho, el placer que obtenemos de las relaciones sexuales probablemente sea el más grato al que podemos aspirar, en justa consonancia con su trascendencia desde el punto de vista biológico. El inmenso placer que proporcionan garantiza que nos cautiven. Esta avidez tiene una gran trascendencia biológica, ya que tan sólo un pequeño porcentaje de nuestras optimistas y numerosas aspiraciones se ven colmadas a lo largo de nuestra vida y, además, en tan sólo un pequeño porcentaje de ocasiones conllevan reproducción. Por tanto, para preservar la vida ha sido conveniente que nuestra motivación sea alta y para ello hay que sobornarnos adecuadamente.

Anhelamos el sexo con auténtico furor sin preguntarnos por qué. Es más, como está premiado contundentemente con placer, lo podemos practicar sin pensar ni saber nada sobre sus consecuencias. No buscamos sexo *para nada*, sólo para disfrutar: la evolución ha creado cerebros que buscan tener relaciones sexuales sin decidir si quieren tener descendencia o no. Es decir, vivimos como si la conducta sexual y la reproducción fuesen dos fenómenos ajenos, como la lluvia y el mar, y, en efecto, en la vida de Raquel e Íñigo lo son. Aunque ambos son conocedores de que la reproducción es el posible resultado del apareamiento, nunca, al menos hasta ahora, tener hijos ha sido la motivación para buscar pareja ni lo va a ser en este caso. Es más, si les preguntásemos a ellos, no irían más allá de argumentar que en estos momentos simplemente les apetece *conocer a alguien*.

Durante gran parte de la vida, los seres humanos practicamos relaciones sexuales porque sentimos una fortísima llamada instintiva, y lo haríamos exactamente igual si no supiéramos nada sobre espermatozoides y óvulos, como hacen el resto de los animales. No es nada sorprendente, ya que los animales tampoco nos alimentamos para sobrevivir: lo hacemos porque nos apetece, porque nos procura ese gratificante placer consumado.

Como en muchos otros frentes, el cerebro sabe guiarnos por esta senda sin preguntar a nuestro yo consciente; parece que funciona bien la fórmula de producir seres vivos ignorantes y pertinaces capaces de reproducirse sexualmente, pues no nos hemos extinguido (ni parece que lo vayamos a hacer por desinterés sexual).

LA REPRODUCCIÓN SEXUAL ES SOLAMENTE EL PRINCIPIO DEL CULEBRÓN

Muchas especies animales recorren kilómetros o remontan ríos, pelean con enemigos y cruzan desiertos en busca de una pareja con la que establecer ese complicado contacto físico íntimo e incluso invasivo de la reproducción sexual. Sin embargo, la situación todavía puede volverse más rebuscada, ya que una minoría de aves y mamíferos (entre los que nos contamos), además de invertir gran parte de nuestras vidas en la búsqueda de un espécimen compatible al que fecundar o que nos fecunde, añadimos un hábito sorprendente al apareamiento: cuidar de la descendencia junto a esa pareja.

Esto ocurre así debido a que algunos animales alumbramos crías que nacen desprotegidas o inmaduras, y necesitan que se las atienda para que su existencia no sea un completo fracaso. Mientras que los patos salen del huevo con su *software* casi plenamente operativo, como tantos otros animales resabiados, muchas otras crías necesitan que alguien las cuide e incluso les enseñe a desenvolverse en su medio (un chimpancé o hasta un gorrión o un águila no saldrían adelante sin sus padres). En todos estos casos resulta imprescindible un adulto que los cuide o fracasará la ansiada reproducción. En muchas de estas situaciones es, además, extremadamente útil que los individuos adultos implicados se agrupen, bien sea en parejas o en conjuntos más amplios, para ofrecerles cuidados más completos. No es necesario pensar en la fauna de la sabana para encontrar ejemplos, ya que, si bien ningún adolescente de los que te cruzas a diario lo tiene presente, sus cuidadores pasaron cerca de una década sin quitarle el ojo de encima mientras él exploraba inconsciente su entorno, requería de varias comidas al día y aprendía a cruzar con el semáforo en verde o a no comerse las piedras.

En esa unión por el bien común de la crianza se halla la piedra fundacional del amor, un mecanismo que invita a permanecer juntos a dos individuos con dos cerebros separados, con lo difícil que podría parecer que los intereses de dos cuerpos independientes converjan durante un período largo de sus vidas. En este punto es cuando podemos apreciar por qué el enamoramiento se entiende como una relación sexual a la que la biología ha añadido capas de complejidad para sacar adelante a las crías.

OTRAS ESPECIES TAMBIÉN CUIDAN DE SUS CRÍAS Y NO ESCRIBEN POEMAS

Con la finalidad de evitar visiones idealizadas sobre la presencia de cuidados parentales en la naturaleza, merece la pena considerar varios hechos: el primero es que en una inmensa parte del reino animal no hay ningún tipo de cuidados parentales. Esto ocurre en insectos, peces, serpientes, etcétera. Las aves son la gran excepción, con una gran mayoría de especies que forman parejas estables para sacar adelante a sus crías.

Si nos fijamos en lo que ocurre en otros animales más cercanos y con pelo, tenemos que los mamíferos ponen mayoritariamente en práctica una falta de compromiso parcial: los machos se aparean con la hembra y desaparecen, y ésta carga con todo el proceso de gestación y lactancia. Así ocurre, por ejemplo, en perros, gatos y en la mayor parte de los protagonistas de los documentales. Tan sólo una pequeña porción de las especies de mamíferos, como el 9 %, forma vínculos de pareja en los que tanto el padre como la madre comparten los cuidados de las crías, la ocupación del mismo territorio y la preferencia sexual por su pareja. Y, finalmente, en este pequeño porcentaje sólo hay una especie que se enamora: la misma que sabe leer.

En casi todas las culturas, los humanos tenemos un comportamiento social monógamo, aunque también existen sociedades con otras formas de entablar relaciones afectivas, ya que nuestra especie muestra tal grado de plasticidad que no tiene por qué plegarse más a los impulsos biológicos que a los sociales. En cualquier caso, resulta evidente que poseemos un cerebro con todo el andamiaje necesario para poder cuidar de nuestras crías y formar parejas estables, aunque sean transitorias y tiendan a renovarse con el paso de los años, y aunque los códigos culturales y económicos establezcan sociedades con distintas formas de organización conyugal.

El resto de los seres vivos no disfruta de diferentes opciones para elegir, y, en el reino animal, por más que abunden la promiscuidad y la falta de compromiso en general, hay numerosas especies a cuyos miembros definimos también como monógamos sociales. O sea, con preferencia, aunque no exclusividad, por un miembro en concreto. Esta pequeña parte del reino animal que practica monogamia social, además de a los seres humanos, incluye, entre otros, a varias especies de roedores cuyo comportamiento comprobaremos que se parece más al de Íñigo y Raquel de lo que ellos nunca llegaron a imaginar. Por muy cursis que nos pusiéramos, ese vínculo nunca podría llamarse *amor*, pero nos servirá para entender algo sobre su origen.

UN APLAUSO PARA LAS ESPECIES MODELO

Observar lo que ocurre dentro del cerebro de ratones y, particularmente, de algunos topillos del género *Microtus* ha supuesto un gran aporte para comprender qué nos pasa por la cabeza cuando nos enamoramos. Es evidente que, a pesar de que algunas especies de animales forman parejas estables y cuidan de sus crías en conjunto, no están enamorados como Garcilaso de la Vega, pero al menos ya se acercan más al tipo de comportamiento que describe Maná en sus canciones que a simples perros que se aparean y desaparecen, ya que, por ejemplo, pueden añorar a su pareja. Es decir, en el reino animal existe el emparejamiento duradero con reconocimiento de la pareja y fuerte lazo afectivo, aunque sea poco frecuente.

Esto es, hay enternecedores animales que pasan toda su vida junto a una misma pareja a la que son fieles, si bien no alcanzan un grado de enajenación mental tan grande como el que experimentamos los seres humanos cuando estamos viviendo una etapa intensa de amor romántico.

A pesar de la diferencia en complejidad e intensidad, estas especies nos revelan que los factores involucrados en la formación del enlace amoroso no son exclusivos del cerebro humano. Tanto las hormonas como las rutas neuronales y las zonas del cerebro afectadas durante el romance están presentes también en estas otras especies del reino animal. Esta similitud ha permitido que hoy conozcamos gran parte de los procesos y estructuras implicados en el establecimiento del vínculo amoroso, ya que sus cerebros son más fáciles de diseccionar y manipular que los nuestros (por razones tan variadas como evidentes). Dicha circunstancia, por sorprendente que parezca, nos ha facilitado desentrañar gran parte de los mecanismos neurológicos básicos a partir de los cuales surge el sentimiento amoroso en el ser humano.

Una vez más, como cuando descubrimos la curación de una enfermedad o inventamos un nuevo medicamento, tenemos que dar las gracias al trabajo con modelos animales que nos permiten estudiar los fundamentos de cómo funciona nuestro propio organismo. Podemos felicitarnos de ser tremendamente parecidos a primates, ratones e incluso moscas, ya que los resultados obtenidos en la investigación con estos organismos son trasladables a nuestra vida.

EL AMOR ES RECICLAJE E INNOVACIÓN

El amor, al contrario que el sexo, se reconoce como una gran virtud en la mayoría de las culturas humanas. Los seres humanos le prestamos una extraña veneración y en su nombre toleramos y justificamos las más grandes excentricidades. Seguramente por ser tan fascinante e incontrolable, lo respetamos cual mandato superior, casi lo admiramos como si fuera un proceso mágico señalado directamente por los dioses del Olimpo. Lo cierto es que en cuanto impulso y sentimiento es realmente inigualable: nada se le parece en intensidad, obsesión y capacidad de desestabilizar. Por amor se puede destruir Troya o hacer caer en el más completo ridículo a un férreo dictador; la propia Biblia cuenta historias similares ocurridas en la noche de los tiempos. En fin, que el amor es un firme candidato a ser el fenómeno más interesante de la especie humana, aunque, en el fondo, todo sea culpa de su hermano mayor y denostado, el sexo, de la necesidad de cuidar a las crías y de algunas habilidades singulares de nuestra mente.

Muchas otras especies de mamíferos, como los topillos de la especie *Microtus ochrogaster* (un Íñigo de las praderas norteamericanas), también saben lo que es desear y añorar a sus parejas, pero no llegan a trenzar una relación tan compleja como las de los seres humanos porque sus cerebros no disponen de altas capacidades. Por mundano que parezca, nuestras habilidades para proyectar el futuro, comunicarnos mediante el lenguaje y producir pensamientos abstractos y complejos se alían con mecanismos más primitivos y nos exponen a los flechazos. Sin embargo, es innegable que la aparición del amor solamente supone la incorporación de algunos elementos adicionales en la evolución de un sistema que ya existía en la naturaleza para velar por la prole, aunque nosotros llevamos el fenómeno a cotas exageradas gracias a nuevas herramientas que solamente tiene el cerebro humano.

Son pequeños detalles los que hacen especial el proceso del enamoramiento humano, pero reflejan un nivel espectacular de complejidad. Por ejemplo, podemos enamorarnos de una estrella de cine o bien imaginar una relación sentimental sin apenas conocer a nuestra pareja. Es decir, los humanos podemos enamorarnos de personas a las que escasamente hemos tratado y en las que proyectamos cómo nos gustaría que fuesen u ocurriesen los acontecimientos, como tantas veces sucede en las obras de teatro del Siglo de Oro, en las que los protagonistas se aman sin siquiera haberse visto. Esta singularidad está directamente relacionada con la existencia del placer anticipado y nuestra capacidad de imaginar y disfrutar situaciones que todavía no hemos vivido. Asimismo, somos capaces de hablar durante horas y profundizar en el conocimiento de los gustos y puntos en común con la pareja o de hacer volar nuestras mentes en paralelo, por ejemplo, lo cual promueve el establecimiento de una conexión de una profundidad inédita en la naturaleza.

El amor es, por tanto, una novedad evolutiva que emerge en la especie humana al reciclar rutas cerebrales que ya tienen otras especies de mamíferos (aquellas que también saben lo que es echar de menos a su ser amado y disfrutar de una pareja), una novedad aderezada, en nuestro caso, con pequeños toques sofisticados típicamente nuestros.

3

EMPIEZA EL ROMANCE: FIESTA DE ELISA, HORMONAS E IMAGEN MENTAL

EL PUNTO DE PARTIDA

El amor romántico es sorprendente. Aparece de manera repentina y causa cambios profundos en nuestro cerebro y, como consecuencia, en todo el cuerpo: altera los niveles de energía, el estado de ánimo, el grado de dependencia; produce una elevada activación sexual hacia la persona elegida, deseo de estar con ella; revuelve las tripas, desconcentra, etcétera.

Quizá el terreno más especulativo sigue siendo el que trata de comprender cómo empieza todo, esto es, por qué Íñigo se enamora de Raquel, y no de cualquier otra persona de las que, por ejemplo, estarán en la misma fiesta. Falta mucho por descubrir para poder aclarar la razón por la que todas esas reformas que sufre nuestro cerebro están en gran parte enfocadas a idolatrar, por encima del resto de la humanidad, a un individuo en concreto. Lo que se observa en los animales en el proceso de elección de pareja es de poca utilidad para entender el inicio del enamoramiento humano. Sus rituales de cortejo, compuestos de bailes, lucimientos de plumajes o peleas en las que el ganador resulta el afortunado que se aparea, son menos complejos que los nuestros, aunque sea tentador buscar semejanzas. Además, gran parte del reino animal segrega feromonas, que son sustancias volátiles que atraen a las parejas o establecen los períodos concretos de celo en los cuales acontecen los apareamientos sin mediar otros procesos de selección. Es decir, en la naturaleza, la elección de pareja es mucho más prosaica y menos sofisticada y específica.

En la especie humana no ocurre nada de esto. A pesar de que las hormonas sexuales desempeñan papeles decisivos, de momento no se han encontrado feromonas ni otras moléculas volátiles que ofrezcan una explicación contundente para comprender por qué elegimos a una pareja y no a otra a la hora de tener relaciones sexuales y mucho menos para entender por qué nos enamoramos de ella, que es un proceso mucho más extremo y orientado a una persona determinada.

Una de las propuestas que mejor encajan y parecen explicar la elección de una persona concreta defiende que todos tenemos una imagen mental del tipo de persona que nos resulta atractiva, sin ser conscientes de ello, por supuesto. Esta imagen se va construyendo a lo largo de la vida en función de aspectos biológicos y sociales, de manera que vamos llenando de forma involuntaria una especie de corchera mental llena de *post-its* con ideas sobre las características de nuestra pareja ideal. Este listado recoge un conjunto de factores físicos, psicológicos y sociales, que contemplarán desde su belleza, su humor o preferencias, hasta su estatus (y otros muchos aspectos). Podemos imaginar algo tan sencillo como la siguiente retahíla: «Mi pareja ideal es rubia, joven, de mi clase social, sonriente, extrovertida, independiente, alguien que hable mi lengua, que parezca fría, da igual si tiene bien los dientes, que escuche mis monólogos, que comparta aficiones, que le guste a mi familia, que huela parecido a algún olor que me recuerde a la infancia, etcétera». Sin embargo, seguramente nuestro retrato robot de la pareja buscada esté repleto de elementos que no se pueden describir con palabras, porque no podemos olvidar que es un proceso mental interno que no está bajo nuestro control consciente. En cualquier caso, una persona que cumpla una gran parte de esos requisitos tendrá nuestra atención. Si además coincide con que nos hallamos en un determinado estado anímico y fisiológico, principalmente en un pico elevado de hormonas sexuales, el terreno estará abonado para que comience el proceso de enamoramiento.

PRIMERA CONDICIÓN: ESTAR EN DISPOSICIÓN

Por sorprendente que parezca, es probable que el enamoramiento dependa bastante menos de la deslumbrante persona que aparece radiante en una fiesta que del estado en que nos encontramos nosotros mismos. En primer lugar, nuestro cerebro es el que crea y alberga esa imagen interna mental, de la que no somos conscientes, de nuestra posible pareja ideal. Además, en segundo lugar, las hormonas sexuales, esas importantísimas moléculas que recorren nuestro cuerpo, nos predisponen en determinados momentos vitales. En las mujeres, las hormonas sexuales que interpretan el papel principal son los estrógenos, y en los varones, la testosterona. Estas hormonas sexuales circulan por el torrente sanguíneo y, al pasar por el cerebro, se introducen en ciertas neuronas condicionando su actividad. Esto marca el comienzo de las obras de reforma en el cerebro: es el primer paso que desencadena nuestro estado de disponibilidad tanto sexual, como amorosa. Este efecto es tan potente que, en algunos animales (entre ellos las ratas o los gatos), se ha comprobado experimentalmente que la inyección de dosis elevadas de hormonas sexuales anula el interés por la comida o el miedo a amenazas generalmente aterradoras, como las de sus depredadores, mientras que desata un interés sexual exacerbado.

Estas hormonas pueden encontrarse en niveles elevados por razones variadas, desde constitutivas hasta como consecuencia de largos períodos de abstinencia sexual, de modo que nos expondrán a sus efectos en determinados momentos más que en otros. Por ejemplo, esto explicaría por qué los adolescentes, inundados de hormonas sexuales, son tan proclives a mostrar intensos enamoramientos (y avidez sexual). Por supuesto, las hormonas sexuales también pueden tener subidones puntuales y circunstanciales inesperados. Por ejemplo, un roce, una mirada o cierto mensaje pueden facilitar que estas moléculas, si están aletargadas, se activen inesperadamente. De forma análoga, también atravesaremos etapas personales de bajadas hormonales extremas que nos convierten en amantes refractarios. De hecho, algunos períodos de calma tienen incluso cierta lógica evolutiva, como una reciente paternidad o maternidad, o simplemente el paso de los años.

En conclusión, el enamoramiento nos sobreviene como un inesperado terremoto en momentos en que nuestro cerebro se halla predispuesto, como los vehículos quitanieves aparcados y en alerta esperando una nevada.

En cualquier caso, no debemos ser simplistas y es necesario tener en cuenta que a todo este caldo de cultivo personal hay que sumar que la potencial pareja puede y debe interpretar también un papel activo, pero lo llamativo es que no es imprescindible que lo haga. Por eso, en muchas ocasiones nos enamoramos de quien menos interés ha mostrado en nosotros, pues nuestro cerebro inconsciente tiene una idea preconcebida de lo que busca. Esto ayuda a comprender también por qué, si nuestro cuerpo está orientado a ello, podemos enamorarnos de Natalie Portman o Brad Pitt. Es decir, puede que Raquel no hiciese nada para que Íñigo quedase prendado de ella, porque en esta historia, perdón por la simpleza, él es quien está necesitado: en ese estado llegaba a la fiesta de su amiga Elisa.

LA PERSONA ELEGIDA ENCAJA CON EL RETRATO ROBOT

Íñigo conoció ayer a Raquel en la fiesta de cumpleaños de Elisa y antes de entablar una conversación ya se sentía profundamente atraído por ella. Había llegado temprano y exageradamente arreglado a la fiesta. No se sentía ridículo, puesto que disfruta cuando en un acto social resulta ser el más elegante, algo que aprendió a imitar de su abuelo, quien también le inculcó la pasión por los zapatos caros. Se encontraba calculando milimétricamente cuál debía ser su postura y la forma de sujetar su copa de vino cuando se fijó en Raquel al verla entrar. Le atrajo mucho, exageradamente, aunque no sabría enumerar qué elementos concretos le llamaron la atención debido a que su cerebro había empezado a hacer un intenso trabajo en segundo plano al que él no habría podido acceder de manera consciente.

Es muy posible que Íñigo estuviera en un pico de producción de testosterona en su organismo cuando asistió a la fiesta de Elisa y quizá se diera la feliz coincidencia de que Raquel también estaba bien surtida de estrógenos. Por supuesto, incidieron muchos factores adicionales además de la presencia de hormonas sexuales, que tan sólo imponen una simple condición necesaria, una especie de pistoletazo de salida. El caso es que cuando se presentaron, Raquel le pareció aún más atractiva a Íñigo. Podemos suponer que poseía todos los rasgos que encajaban con la imagen mental inconsciente que Íñigo tenía de una pareja perfecta, esa especie de retrato robot que se había configurado como una receta elaborada con aspectos físicos, culturales, educativos, etcétera.

La mayoría de los romances más profundos empiezan por una atracción física que entra por los ojos, y decir lo contrario sería muy cínico. Las aplicaciones de contactos por internet no tendrían sentido si no incluyeran fotos, por mucho que se intente poner en valor los datos y descripciones que hacen de sí mismos los usuarios.

Por supuesto, cualquier información adicional es indudablemente útil, ya que ayuda a cotejar la descripción del candidato con la lista mental inconsciente que todos tenemos, pero, de todos modos, es indiscutible que somos seres que dependemos notablemente del sentido de la vista. De hecho, la constitución de la pareja en otras especies comienza a partir de señales olfativas o acústicas, sin embargo, esas señales externas activan rutas que acaban en un destino cerebral homólogo al de los seres humanos. Aunque la puerta de entrada sea distinta, el efecto dentro del cerebro es el mismo para Íñigo, cuyo enamoramiento se inicia en los ojos, que para PSN1202, un topillo que olisquea a una hembra en una jaula de laboratorio.

Las señales del exterior que llegan a través de los sentidos indican al cerebro que las reformas deben empezar y, como consecuencia, departamentos enteros de neuronas van a ver alteradas sus funciones. Es momento de explorar con un poco más de detalle la geografía del cerebro para descubrir con mayor precisión dónde y cómo se desarrolla nuestra historia de amor.

4

INCISO: BARCOS QUE CRUZAN Y EL CEREBRO DIVIDIDO EN REGIONES

DEL GRAN CEREBRO A LA PEQUEÑA NEURONA

Dentro del cráneo de Íñigo está esa masa blanda como de 1500 gramos de peso que es el cerebro. Desde silbar hasta pensar en el futuro o decidir abandonar el cine en mitad de la proyección, todo, absolutamente todo, lo que ocurre en la existencia cotidiana de Íñigo se procesa y se coordina por este órgano con aspecto de enorme nuez.

No es necesario profundizar en anatomía para recordar que el sistema nervioso es el conjunto de partes de nuestro cuerpo encargado de lo más difícil: recibir señales, transmitir mensajes y tomar decisiones para controlar funciones, inconscientes, como respirar, o conscientes, como echar a correr detrás del autobús. El sistema nervioso lo forma el encéfalo (cerebro, cerebelo y tronco encefálico) junto con otros elementos en los que delega parte de sus tareas (las fáciles) y a los que está unido: la médula espinal y los nervios. Por su evidente importancia y por simplificar, en este texto nos centramos en el cerebro, la pieza principal del encéfalo. Cabe aclarar que quizá algunos de los comportamientos y las habilidades que describamos estén coordinados desde algún otro punto del sistema nervioso, pero, si es así, se tratará de una excepción anecdótica que merecerá la pena ignorar por ganar en sencillez. Por ejemplo, ayer mismo, Íñigo se quemó al sacar una lubina del horno, pero apartó rápidamente la mano gracias a la intervención de su médula espinal.

Volvamos a nuestro auténtico protagonista: el cerebro no es una estructura homogénea, ni mucho menos, sino que tiene distintas regiones y áreas muy definidas (con nombres poco agradecidos, por lo que los evitaremos, o modificaremos, en gran medida). Por ejemplo, las famosas circunvoluciones con apariencia de gruesos espaguetis que serpentean en la parte externa del cerebro, justo debajo del cráneo, forman la región llamada *corteza cerebral*. Debajo de esta capa existen otras piezas que completan este singular órgano (como el tálamo, el hipotálamo, la hipófisis, etcétera) hasta completar decenas de partes bien definidas. Este conjunto de áreas se reparte de manera organizada la gestión de todas las tareas mentales, entre ellas, por supuesto, el enamoramiento.

Sin embargo, si mirásemos a escala microscópica observaríamos que todas esas regiones, sean responsables de actividades conscientes o inconscientes, relevantes o prosaicas, están formadas por agregados de sus células, las conocidas neuronas. Es decir, en una escala menor, todas las partes del cerebro parecen idénticas por estar constituidas y pobladas por neuronas. Es llamativo que estas unidades básicas no sean esferas perfectas ni tengan la forma de balón de playa que se le suele atribuir a una célula en un libro de texto. Por el contrario, las neuronas son redondas en un extremo y muy alargadas en el otro, como un alfiler que fuera flexible o se combara [figura 1]. Gracias a eso funcionan como una especie de tramos de rápidas autopistas por las que circula y se intercambia la información que coordina los distintos procesos mentales. Es importante asimilar que todo lo que experimentamos, sea alegría, tristeza, sumar, restar, ver, oír, cantar, frío, calor, etcétera, se origina en la transmisión de señales entre neuronas.

Por último, cabe añadir que en el cerebro hay otros tipos de células que cumplen diferentes funciones imprescindibles para el funcionamiento del órgano, como su nutrición y protección, pero las neuronas son las responsables de las actividades características y asombrosas del cerebro; por eso son más famosas que los astrocitos o los oligodendrocitos, por ejemplo, a los que no volveremos a mencionar [figura 1].

UNA RED DE CARRETERAS DENTRO DE CADA CRÁNEO

Es muy llamativo que las neuronas estén interconectadas entre sí sin llegar a tocarse y dando lugar a complejas mallas con minúsculos espacios entre ellas. Esto es, nuestro cerebro, aunque parece sólido y denso, está constituido de una red esponjosa de células flotantes y filamentosas. Es algo difícil de imaginar, pero si uno mira la materia a escala microscópica siempre la encuentra sorprendente [figura 1].

Cada neurona se conecta con otra u otras varias dejando un inimaginable espacio vacío entre ellas que cumple la función de terreno neutral, de frontera de la comunicación. La función de estas separaciones entre neuronas es determinar el avance o la detención de los mensajes que se mueven por el cerebro hasta el siguiente tramo de autopista. Ese espacio fuerza una pausa de control.

Las ideas, las decisiones o los pensamientos se producen a gran velocidad porque viajan codificados en forma de señales eléctricas por las neuronas. Por sorprendente que pueda parecer, el hecho de leer esta línea implica que a algunas de nuestras neuronas las recorran milivoltios. Es decir, debido a su forma alargada, la activación de una neurona supone que una pequeña corriente eléctrica la atraviese desde un extremo a otro, como si fuera ese alfiler que recibe una descarga en la cabeza y la transmite a la punta.

Después de la electricidad viene la química, porque esta excitación eléctrica provoca que la neurona, tras ser recorrida por la corriente, libere moléculas químicas en su extremo final, en la punta del alfiler. Estas moléculas liberadas (conocidas como *neurotransmisores*) son distintas en cada tipo de neurona, lo cual tendrá diferentes consecuencias, como si tuvieran otros significados. La función de las diversas moléculas siempre es similar: al liberarse en el pequeño espacio que hay entre dos neuronas (que se llama *sinapsis*), viajan hasta la neurona contigua y le transmiten el mensaje, es decir, le contagian la excitación eléctrica. Las moléculas químicas salvan la minúscula grieta que separa las neuronas para que pueda continuar la propagación de la señal eléctrica [figura 1].

En el fondo podemos imaginar la comunicación en el cerebro como un viaje en coche por una carretera, la primera neurona, que nos lleva hasta un río, el espacio interneuronal o sinapsis. Allí tomamos un barco, otro medio de locomoción, que serían las moléculas químicas, para cruzar al otro lado, donde nos montamos en otro coche y recorremos un nuevo tramo de autopista, la siguiente neurona, hasta el próximo río. Esto, además, sucede a gran velocidad, a esa misma a la que se producen nuestros pensamientos.

En resumen, toda la actividad mental, ya sea la sensación de que Íñigo es Íñigo o los sueños en que sale de su cuerpo y viaja a Orión, así como toda la función motora que se origina en nuestro sistema nervioso, tal como caminar, masticar, gritar, parpadear, respirar, coger un yogur de la nevera o cualquier conducta estrafalaria que podamos imaginar, puede resumirse en una actividad eléctrica y química a escala neuronal. Cuesta asumir que todo mensaje mental, sea complejo o sencillo, procede de fenómenos de comunicación neuronal, pero así ocurre.

La complejidad de muchos de nuestros comportamientos se explica, entre otras razones, porque esta red de comunicación cerebral forma entramados y cruces donde cada una de las 86 000 000 000 neuronas de Íñigo se puede conectar con hasta otras 100 000 y enviar distintos mensajes con gran variedad de moléculas. De esta manera se establecen incontables puntos en los que confluyen varias neuronas que han de decidir cómo ceden el paso al complejo tráfico de señales eléctricas, que, además, en ocasiones no deciden activar la neurona contigua, sino inhibirla. Es decir, la complicación de los procesos a la escala neuronal es impresionante como para asumir que debe de producir fenómenos emergentes que aún no comprendemos, pero nada de esto invalida la sencilla idea de que la sensación de alegría que sentirá Íñigo cuando Raquel lo bese por primera vez, así como la pesadumbre del día que se orinó en clase cuando era pequeño, proceden de una serie de milivoltios viajando por determinadas autopistas de neuronas y de moléculas cruzando abismos microscópicos.

LAS REGIONES CEREBRALES, UN TÉRMINO MEDIO

No cabe duda de que el cerebro es de una complejidad asombrosa por lo que, si queremos llegar a alguna conclusión comprensible sobre su funcionamiento, debemos elegir en qué escala nos vamos a detener a analizarlo.

Si bien está formado por la interconexión de miles de millones de neuronas que forman una compleja red de autopistas, es fácil distinguir unas partes del cerebro de otras. Es decir, como hemos mencionado, a una escala intermedia, podemos subdividir el cerebro en regiones concretas. Por ejemplo, una de ellas es el hipocampo, que gestiona parte de nuestra memoria. Esta región está compuesta por neuronas de cuya actividad proceden algunos de nuestros recuerdos. Es importante asimilar que la división del cerebro en partes con nombre propio no es arbitraria, sino funcional y morfológica. Esto es, aunque en la escala microscópica sólo hallaremos neuronas, éstas se agrupan por zonas para desempeñar una o varias tareas en particular y, como consecuencia, se producen formas definidas y reconocibles en su disección, como la de caballito de mar que presenta el mencionado hipocampo.

Por tanto, encontramos que el cerebro tiene regiones definidas y delimitadas (que tienen funciones concretas asociadas) a las que tiene sentido considerar de manera independiente como grandes piezas de un puzle mayor. Esto implica que no es lo mismo que un mensaje neuronal discurra hasta la zona llamada *corteza olfativa* que a la denominada *tálamo*, a pesar de que todavía no podamos entender con exactitud por qué la descarga eléctrica y molecular en una región suscita en Íñigo la experiencia del olor a café y en la otra la del dolor punzante.

Sin embargo, gracias a la neurociencia sabemos que, si cierta señal viaja hasta la corteza visual, verás el arco iris; si cae en el bulbo raquídeo, respirarás más rápido; si llega al cerebelo, esquivarás una caca de perro que no debería estar en la acera, y, si accede al núcleo accumbens, experimentarías un orgasmo. Por supuesto, todo ello acontece con una complejidad mucho mayor de la que muestra esta enumeración, pero nos da idea de que tenemos un mapa de calidad sobre el reparto geográfico de las funciones mentales.

Es decir, la actividad mental de Íñigo resulta diferente en función de en qué zona hay una neurona excitada dispuesta a depositar moléculas químicas transmisoras en otra o en otro conjunto de neuronas. Por eso, en nuestro análisis, para simplificar, emplearemos como metáfora autopistas que llevan moléculas viajeras a diferentes destinos del cerebro y desgranaremos qué regiones y moléculas están implicadas en el enamoramiento de Íñigo.

AUTOPISTAS Y PEAJES

Como hemos visto, de alguna manera, las neuronas son el equivalente a autopistas por las que circulan unos vehículos que son las señales eléctricas que descargan las moléculas químicas. En general, cada neurona se especializa en la producción y la liberación de una molécula concreta, como si por unas carreteras circulasen tractores y por otras ambulancias.

Cuando una molécula se halla en el extremo de una neurona es liberada al vacío de esa gruta intercelular y queda disponible para acceder a la siguiente neurona a través de un receptor específico, de una cerradura que podríamos imaginar como una especie de puesto fronterizo o un peaje [figura 1]. Si retomamos la idea del vehículo que llega al final de la autopista y va a parar a un río donde el mensajero se sube en un barco para cruzarlo, los receptores serían el equivalente a los muelles donde se podría atracar el barco al otro lado para descender y continuar el camino.

Los receptores son estructuras moleculares tridimensionales que asoman en la cara externa de las neuronas. Estas piezas comunican el exterior con el interior de las neuronas, de donde emergen. A este interior accede un mensaje molecular concreto cuando dichas piezas son contactadas. Por tanto, la presencia o ausencia de estos receptores específicos determina que la señal eléctrica continúe el viaje y, por tanto, que el mensaje se transmita o no. Si una molécula se topa con el exterior de una neurona que no tiene receptores, acabará siendo degradada y con ella se perderá la transmisión. Por supuesto, la presencia, ausencia y abundancia de algunos de estos receptores o cerraduras cambiará durante el enamoramiento y desempeñarán, en consecuencia, un papel muy relevante.

Finalmente, si no se interrumpe durante su recorrido y cruza adecuadamente los ríos que se encuentre, la comunicación neuronal acabará llegando a su destino, a alguna región concreta del cerebro, que interpreta el mensaje para provocar un comportamiento en Íñigo. Lógicamente, el pensamiento, el comportamiento o la sensación producidos son distintos si esa parada final es una región u otra, o si a la puerta de estas estructuras cerebrales llaman unas u otras moléculas. Así pues, también analizaremos cuáles de estos destinos que ofrecen la interpretación del mensaje participan activamente en esta etapa de la vida de Raquel e Íñigo [figura 2].

En esta dimensión vamos a movernos en este texto, es decir, conoceremos qué neuronas liberan qué moléculas en qué regiones durante el amor, todo ello con la intención de relatar de forma dinámica quién es quién dentro del cerebro cuando nuestros protagonistas se enamoren y cómo cambia la arquitectura mental en las diversas etapas por las que pasarán. Ahora, por fin, las reformas están a punto de comenzar…

5

EL ROMANCE: ATENCIÓN DIRIGIDA Y CITA PARA TOMAR TARTA DE QUESO

UNA VEZ ELEGIDA RAQUEL, EMPIEZA LA OBSESIÓN

A partir del momento en que el cerebro de Íñigo ya ha elegido a Raquel como su objeto de deseo, van a producirse los primeros cambios en su cerebro orientados en dos direcciones: dirigir de forma exagerada y obsesiva la atención hacia la pareja ansiada y activar sensaciones de placer en su presencia (y de sufrimiento en su ausencia). Se trata de dos movimientos estratégicos que van a desconectar a Íñigo por mucho tiempo de la vida cotidiana y rutinaria que llevaba para caer en un nuevo estado de avidez y descontrol.

Si Íñigo tenía una idea inconsciente de las características que debían tener las potenciales candidatas, tras conocer a Raquel, que tenía muchas de ellas, este borrador se destruye y directamente se coloca a la elegida en un pedestal. Es decir, el cerebro va a promover el autoconvencimiento de que las características de la persona ideal son en concreto las de Raquel. Para construir esta idealización, en primera instancia, se configura un cerebro obsesionado con ella, capaz de situar a Raquel de forma constante en el centro de atención y empeñado en fijarse con insistencia en todo lo relacionado con ella. Esto requerirá unos primeros cambios menores en el órgano que no se demoran en comenzar.

Durante la fiesta de Elisa, la información sobre Raquel accedió al cerebro de Íñigo principalmente a través del sentido de la vista (sin despreciar lo que aportan en este tipo de situaciones el oído, el olfato o incluso el tacto). Primero la vio; después los presentaron y charlaron amigablemente durante mucho rato, e incluso pudieron llegar a tocarse de forma desenfadada en distintos momentos de la conversación. Por último, intercambiaron sus números de teléfono y quedaron en llamarse para enseñarse sus respectivos lugares favoritos donde tomar una deliciosa tarta de queso, un pequeño vicio común. En aquel primer encuentro, el cerebro de Íñigo (y quién sabe hasta qué punto también el de Raquel) inició una singular tarea de poda: comenzó a despejar las autopistas para que la información que llegase a través de los sentidos relativa a Raquel se considerase, a partir de aquel día, prioritaria, como la circulación de la caravana presidencial por las calles de una ciudad que se prepara para su visita oficial.

La neurofisiología de esta etapa del enamoramiento resulta poco conocida en la especie humana, puesto que los roedores monógamos no basan la elección de su pareja en complejas señales visuales aderezadas con conversaciones banales, sino en su olfato. Es decir, esta fase del establecimiento del vínculo de pareja muestra grandes diferencias con nuestros pequeños primos peludos. En su caso, la presencia de una pareja receptiva activa una importante región de su cerebro, llamada *núcleo olfativo anterior*, que en nuestra historia llamaremos, con algo de imaginación, Comandante Olfato. Este *comandante* envía señales moleculares a través de autopistas de neuronas para que el bulbo olfativo del ratón, otra zona que trabaja a sus órdenes, una especie de sargento del olfato, se centre en una sola señal y deje de atender al resto de olores. Ese olor cuya importancia prevalecerá por encima de cualquier otro es el de la elegida.

Es bastante probable que en el cerebro de Íñigo ocurra algo similar pero iniciado por esas primeras señales visuales, en lugar de olfativas, de Raquel que confirman que encaja a la perfección con la imagen interior de la pareja ideal. También lo corroborarán las señales procedentes del resto de los sentidos recibidas durante el rato de conversación. Esto es, el surgimiento de una fijación con Raquel debe ser un proceso complejo que mezcla información sensorial con archivos internos. En cualquier caso, se han descrito zonas de la corteza visual del cerebro (encargada de crear imágenes) que parecen contribuir a la función de priorizar las señales procedentes de la pareja elegida. En resumen, el cerebro de Íñigo, como el de los roedores, se prepara para poner especial atención a todo lo relacionado con Raquel a costa de cualquier otro tipo de información que obtenga. Para ello dota de una mayor preponderancia a las señales de aquellas neuronas que traigan cualquier dato relacionado con Raquel, pagando el precio de desatender cualquier otro tipo de *input*. Los expertos han descrito este momento como si fuera equivalente a sintonizar una emisora de radio hasta localizar una ecualización perfecta de la frecuencia en que emite Raquel. Más preciso sería afirmar que el proceso consiste en promover que sea más fluido el tráfico en aquellas autopistas de neuronas por las que viajan mensajes asociados a la amada.

Como hemos comentado, la cascada de acontecimientos que lleva a que un roedor se fije en una pareja en concreto empieza en el Comandante Olfato, que ordena volverse selectivo al Sargento Olfato. Sin embargo, hay un paso anterior en la cadena de eventos. Para que el comandante decida enviar la orden al sargento debe, a su vez, recibir moléculas de oxitocina que lo espabilen. De forma análoga, la corteza visual de Íñigo ha de estar sembrada de puertos de llegada de oxitocina y obtenerla en cantidades abundantes para percibir que debe ejecutar la orden de centrarse obsesivamente en Raquel.

Estos preparativos implican tanto que se produzca la oxitocina que despertará al Comandante Olfato como que éste albergue suficientes receptores, es decir, puertos de llegada específicos, para enterarse de que llega. Ni una cosa ni la otra ocurren de manera sistemática y constitutiva en nuestro cuerpo, lo cual revela, una vez más, que para enamorarse el cuerpo tiene que estar predispuesto, al menos sutilmente, como seguramente se encuentre por lo general el de muchos de nosotros.

Estas adaptaciones preliminares se pueden ver facilitadas por numerosas causas internas, como la abundancia de hormonas sexuales, y eventos del mundo exterior, como tal vez los pequeños roces o abrazos que se pueden producir en una fiesta de cumpleaños.

En cualquier caso, la oxitocina resulta ser la molécula que facilita el primer proceso de remodelado en las estructuras cerebrales y desencadena los procesos iniciales de atención dirigida hacia la pareja elegida. Pero dejemos de momento a esta interesante molécula, que, si bien quizá ya ha empezado a brotar, pronto bullirá con desenfreno por el torrente neuronal de Íñigo y Raquel, y sigamos observando otras regiones mentales que también reciben estrictas órdenes de encendido o apagado en los primeros pasos del amor.

BAJAR LA GUARDIA: LA CORTEZA PREFRONTAL O EL SEMÁFORO QUE PASA A VERDE

Para tener acceso a los acontecimientos que ocurren dentro del cerebro enamorado, además de analizar el comportamiento, la anatomía y la fisiología de otras especies monógamas sociales, se puede estudiar el funcionamiento del sistema nervioso humano de los enamorados mediante la resonancia magnética. Este tipo de metodología permite mapear las regiones cerebrales que despliegan una mayor actividad en sujetos experimentales mientras, por ejemplo, ven imágenes o escuchan la voz de sus seres amados que les muestran los investigadores. Estos estudios tienen la finalidad de comprobar y complementar la información obtenida con especies modelo. De este modo, se identifican las partes del cerebro humano que son la última parada de un mensaje, el puerto final de una molécula, esto es, las zonas más activas durante el enamoramiento.

Los estudios revelan que una de las primeras zonas que ve afectado su funcionamiento cuando la biología inicia la llamada del amor romántico es la corteza prefrontal, a la que llamaremos para simplificar la Región Semáforo [figura 2].

Esta Región Semáforo ocupa un área extensa del cerebro debajo de nuestra frente craneal y, de forma cotidiana, interpreta un papel fundamental a la hora de facilitar la convivencia dentro de la familia, la tribu o la sociedad. Es decir, el conjunto de pliegues cerebrales que la definen está constituido por millones de neuronas con una frenética actividad cuyos resultados se traducen en comportamientos que facilitan las relaciones sociales. La función de esta área se conoce desde hace tiempo porque las lesiones o pérdidas de neuronas sufridas en ella producen pacientes desinhibidos que insultan, actúan de forma agresiva o se insinúan a los médicos que los tratan, e incluso a los familiares que los acompañan. En resumen, al verse dañada la Región Semáforo, los pacientes afectados ven disminuidas sus capacidades de autocontrol y de gestión de la conducta social.

Esta región cerebral interviene en multitud de labores rutinarias de corte social, por ejemplo, la Región Semáforo tiene entre sus misiones la original tarea de filtrar o censurar. Cumple la función que podría desempeñar un jefe de gabinete o el asesor de un personaje público. Es decir, la Región Semáforo se comporta como un responsable que se encarga de leer un correo electrónico o un mensaje de texto antes de enviarlo, y, si no lo aprueba, se pone en contacto con el foco de origen y le exige mesura.

La situación análoga en el ámbito neuronal ocurre a diario de forma inconsciente en nuestro cerebro demorándose apenas milisegundos. Pese a que no lo percibamos de manera consciente, la Región Semáforo nos autocensura constantemente y sin ella posiblemente seríamos unos individuos grotescos.

Si el enamoramiento romántico es un rasgo único de la especie humana, el desarrollo superlativo de la Región Semáforo también lo es, y, en cierto modo, se hacen la competencia. Entre los diversos cambios que experimenta nuestro cerebro durante el amor, se encuentra uno que resulta muy ilustrativo: se sabotea parcialmente la actividad en la Región Semáforo, lo cual deja a Íñigo algunas de sus capacidades de autocontrol muy limitadas, algo similar, aunque transitorio, a lo que les ocurre a los pacientes que sufren lesiones.

Al tratarse de una región tan controladora, no nos sorprenderá que tenga que ser bloqueada para que se produzca un comportamiento profundamente irracional, como es el enamoramiento. Es decir, cuando amamos, el tráfico en nuestra corteza prefrontal está alterado y no funciona bien. Por eso, podríamos imaginar que es un semáforo al que hemos colocado una capucha que impide regular de forma ordenada el tráfico, aunque, más bien, lo que sucede es que muestra el color verde a todas las decisiones relativas a nuestro objeto del deseo. Como dato ilustrativo, para profundizar en la comprensión de este estado, podemos tener en cuenta que, en los adolescentes, la Región Semáforo no ha alcanzado todavía su pleno desarrollo. Esto es, poseen una corteza prefrontal inmadura, una especie de semáforo en pruebas, lo cual explica algo de su impulsividad y falta de sensatez. De igual manera, el consumo de alcohol, entre otras sustancias, también tiende a distraer las funciones de la Región Semáforo y facilita, por ejemplo, que esos mensajes que en otras circunstancias se censurarían, se envíen, literalmente. Por tanto, el bloqueo que sufre esta región durante el enamoramiento explica por qué actuamos como torpes payasetes inmaduros y desatados en todo lo relativo a nuestra pareja.

Todo parece encajar en esta trama de neurociencia si consideramos que una de las moléculas que llega a raudales para sabotear el normalmente riguroso y cauto comportamiento promovido por la Región Semáforo es la famosa dopamina (junto con la mencionada oxitocina), que, como no podía ser de otra manera, desempeña también un papel determinante en estas etapas tempranas del amor [figura 2]. De hecho, en este recorrido por las regiones del cerebro implicadas en el enamoramiento comprobaremos que las principales responsables de las remodelaciones son estas dos moléculas, que acceden a sus destinos exigiendo el mando en plaza, algo similar a la situación tantas veces vista en películas en la que una pareja del FBI llega a la escena del crimen y le retira la jurisdicción al modesto *sheriff* del condado que gobernaba con naturalidad y cautela hasta ese momento.

Una vez que Íñigo ha empezado a tener pensamientos obsesivos y la atención focalizada, y perfectamente ecualizada, en Raquel y, de manera simultánea, ha iniciado la desconexión de los principales mecanismos de autocontrol, el escenario resulta ideal para que empiece la montaña rusa de emociones.

6

ILUSIÓN: MENSAJES FAVORABLES Y PLACER ANTICIPADO

ENTRAR EN FASE DE EUFORIA: DOPAMINA EN LA ZONA Z

Raquel ya es el pensamiento favorito de un Íñigo que empieza a sentir la sensación de descontrol característica del amor. En ese estado, en su cerebro reina la dopamina, que, además de bloquear la Región Semáforo, se disparará en momentos clave con una función placentera. Por ejemplo, cuando el día después del cumpleaños de Elisa, Íñigo recibe un mensaje en el que Raquel menciona que tienen que verse pronto para comer la prometida tarta de queso.

En las etapas tempranas del enamoramiento, esta molécula se acumula en sus centros de producción del cerebro preparada para liberarse frente a la mínima buena noticia y regalarnos una agradable sensación de ese tipo particular de placer que llamamos *anticipado*. La dopamina es la molécula que nos hace disfrutar con las sorpresas favorables o con los buenos pronósticos. En nuestra vida cotidiana, cuando no estamos enamorados, también fluye en cantidades moderadas cuando recibimos la noticia inesperada de que vamos a desayunar un pan recién horneado con tomate y jamón de jabugo que nos han preparado por sorpresa, o cuando pensamos que va a ser muy difícil aparcar y encontramos una plaza en la puerta de casa.

Esa capacidad de disfrutar con lo inesperado, o con lo que todavía no ha ocurrido pero está muy cerca de acontecer, es el placer anticipado que siente Íñigo cuando recibe el mensaje de Raquel y más aún cuando lee la contestación favorable de ella a la propuesta para tomar tarta de queso y, quizá, después asistir a un concierto en una sala de jazz con muy buen ambiente donde pueden tomar unas copas. El plan queda sin fecha definida, pero el cerebro de Íñigo bulle anticipando el momento.

En las primeras fases del enamoramiento la dopamina lidera un camino lleno de deseos por cumplirse, de expectativas. Cualquier gesto de la potencial pareja que indique una dirección favorable para Íñigo es un estímulo para las neuronas que producen la dopamina y la reparten, que se encuentran expectantes y activas. Durante el enamoramiento, estas autopistas de neuronas dopaminérgicas descargan la molécula en zonas concretas, en regiones de nuestro cerebro encargadas exclusivamente de las sensaciones de recompensa. Estos centros del disfrute son pequeñas regiones ubicadas en lo más profundo de nuestro encéfalo encargadas de producir placer, como el núcleo accumbens del sistema límbico, al que, por simplificar, podemos denominar Zona Z. Esta región del cerebro es el puerto final al que llegarán muchas de las moléculas vinculadas al amor, y a otras sensaciones gratificantes: es el timbre al que hay que llamar para disfrutar de las diversas formas de ese fenómeno tan singular que llamamos *placer* [figuras 2 y 3]. Cuando se libera dopamina en los puestos fronterizos específicos de la Zona Z, se produce ese sorprendente placer anticipado que tan eficazmente nos soborna, esa agradable sensación indescriptible que siente Íñigo mientras mira embobado el mensaje de Raquel en que le confirma que pronto tendrán su primera cita a solas [figura 3a].

DOPAMINA MULTITAREA

Dentro del subconjunto de tareas realizadas por la dopamina relativas a la constitución del vínculo amoroso, además de regar la Zona Z, muchas autopistas dopaminérgicas encuentran su última parada en otras regiones donde no ejercen una función placentera (como el mencionado bloqueo de la Región Semáforo, que provoca que seamos personas más descontroladas). Es decir, trabajará en distintos frentes fundamentales en las primeras etapas del enamoramiento, pero, igual que ocurre con muchas otras moléculas, su efecto difiere en función de donde se libere. Esto muestra que en nuestro cerebro el mensaje final no sólo depende del mensajero, sino también del destino.

De hecho, el caso de la dopamina es llamativo, ya que muchas de sus funciones no tienen nada que ver ni con el placer ni con el enamoramiento. La dopamina es una molécula neurotransmisora con funciones diversas y omnipresente en el reino animal. Por ejemplo, en otros mamíferos, como también en nuestra especie, gestiona una tarea tan aparentemente distinta del amor como es la coordinación motora (los enfermos de párkinson sufren temblores porque tienen carencias de ella en regiones cerebrales que no conoceremos en esta historia). Asimismo, en estos otros mamíferos se libera en regiones relacionadas con formas sencillas de gratificación y recompensa; sin embargo, solamente en la especie humana ejecuta ese papel fundamental relacionado con nuestra capacidad única de disfrutar placeres orientados al futuro.

La fábrica principal de la dopamina es el área tegmental ventral, a la que, por simplificar, llamaremos Almacén D. Esta región del cerebro, que sería el equivalente a un polígono industrial, está formada por los extremos iniciales de larguísimas neuronas. La dopamina circula por estas largas autopistas hacia distintas regiones del cerebro, como la mencionada Zona Z o la Región Semáforo [figuras 2 y 3]. Además, las neuronas que parten de esta región industrial presentan terminaciones que van a descargar dopamina en muchas otras partes del cerebro de Íñigo, y del de Raquel cuando ella se enamore. La dopamina, por ejemplo, informa de que se debe crear una representación única de la persona elegida en nuestra mente y procurar una atracción persistente por ésta. A esto se suma que también facilita tanto la creación como el recuerdo de una imagen de nuestro ser amado. Estos dos importantes procesos no ocurren al descargar dopamina en las regiones del placer, sino en aquellas áreas vinculadas con el reconocimiento de los individuos y su significación emocional (la amígdala) y con la memoria (el hipocampo) [figura 2]. En la primera se crea de manera definitiva el personaje del que en realidad se enamora Íñigo, la representación de Raquel y su significado, para la cual Íñigo está previa y contundentemente ecualizado, como sabemos. Por su parte, en el hipocampo, un área del cerebro asociada a la memoria, se almacenan esa imagen y los recuerdos asociados a Raquel. El combo amígdala e hipocampo forma un tándem especializado en dotar de un sentido personal a los pensamientos y las reminiscencias. Cabe aclarar que estas regiones no trabajan en exclusiva para el amor, ni mucho menos, sino que también confieren una valencia a la canción que cuando la escuchas te evoca la felicidad que sentías en las fiestas de tu pueblo o a ese olor de la casa de tus tíos que te traslada a cuando siendo niño tus padres te llevaban allí a comer paella. Fabrican y conservan recuerdos cargados de significado.

DOPAMINA CON FECHA DE CADUCIDAD

A estas alturas, Íñigo ha conseguido que Raquel conteste a los mensajes y acepte quedar con él en las próximas semanas, cuando entregue un trabajo que la tiene absorta. Las respuestas favorables de Raquel han supuesto altos picos de placer dopaminérgico en la Zona Z de Íñigo, un placer anticipado que premia por estar más cerca de los grandes objetivos, aunque todavía no se haya logrado consumar la relación.

Sin embargo, la ilusión dopaminérgica también plantea una serie de condiciones, entre las que destaca que tiene fecha temprana de caducidad. Los mensajes de respuesta y las citas para cenar dejan de hacer ilusión si no se realizan otros avances. La dopamina mantendrá motivado, expectante y excitado a Íñigo antes de que lleguen las relaciones sexuales si éstas no se demoran eternamente. Gracias a la dopamina, como muestra la literatura, se puede ser perfectamente casto y estar enamorado hasta los huesos a fuerza de imaginar lo que se avecina, un rasgo, como ya hemos comentado, profundamente humano. Por supuesto, es asimismo comprensible que se pueda amar sin ser correspondido, así como idolatrar la imagen de una persona que crea nuestra mente: ése es el gran poder de la expectativa dopaminérgica. Sin embargo, sin relaciones sexuales la aventura se quedaría estancada en el reino del placer anticipado. El deseo insatisfecho acabaría apagándose o demandaría una dificultosa renovación permanente y eficiente de los anhelos.

Si los mensajes de Raquel se vuelven cotidianos, dejarán pronto de regar de dopamina la Zona Z de Íñigo, de la misma manera que, si nos traen todos los días el desayuno a la cama, lo normalizaremos. Así funciona nuestro cerebro dopaminérgico: si te contratan por un sueldo vitalicio de 50 000 euros mensuales, es imposible que te haga ilusión leer esa cifra en tu nómina al cabo de un par de años, puesto que está asumida y no es estimulante. Así las cosas, si los avances en la relación de Íñigo y Raquel se estancan y el día de la cita nunca llega, posiblemente el placer anticipado decaerá al cabo de algunas semanas. Entrarían en juego mecanismos mentales de frustración que esta historia, por fortuna para Íñigo, va a evitar, al menos de momento.

En las semanas previas al encuentro, Raquel sigue contestando ocasionalmente a los mensajes del excitado Íñigo. Las respuestas puntuales siempre llevan algún guiño que invita al optimismo y reaviva los picos de dopamina en la Zona Z de Íñigo [figura 3a]. La decadencia no se desata porque, al final, tras casi un mes de espera, consiguen planificar una cita para la noche del último día laborable de la semana.

7

CLÍMAX: RELACIONES SEXUALES Y CAMBIOS ESTRATÉGICOS EN EL CEREBRO

SE ACERCA LA HORA DE LA OXITOCINA

En medio de esa tormenta emocional, si Raquel e Íñigo intiman sexualmente, llegaremos al punto de máxima actividad en las autopistas del cerebro asociadas al vínculo amoroso. Este extraordinario panorama lo completará la esperadísima y anunciadísima entrada en escena de la oxitocina, pero para ello la pareja tendrá que tejer algún tipo de lazo físico: abrazos, caricias o similar, y, preferentemente, relaciones sexuales. Es decir, mientras que la dopamina trabaja con la imaginación de lo que puede ocurrir, la oxitocina necesitará contacto real para desbordar sus autopistas particulares.

Hay que destacar que, en un órgano tan complejo como el cerebro y en una actividad tan sofisticada y excitante como son las relaciones sexuales, son numerosos y variados los actores implicados. La regulación del ritmo cardiaco, la presión arterial, la sudoración o la coordinación motora son solamente algunos de los procesos fundamentales que se encuentran involucrados en un hecho tan complejo desde el punto de vista fisiológico como es el sexo. Por supuesto, no podemos olvidar el importante rol que desempeñan las hormonas sexuales en procesos como la excitación y la erección, y sus efectos se suman a los ya comentados del placer anticipado que provoca la dopamina. Asimismo, son múltiples las redes neuronales y regiones cerebrales activadas en un acto tan físico como es hacer el amor, y en gran parte sigue desconociéndose la intrincada relación entre todas ellas, muchas de las cuales, desde luego, no son específicas del sexo ni del enamoramiento y trabajan de forma análoga en otras actividades, como el ejercicio físico.

Sin embargo, pocas moléculas ejercen un papel tan primordial de director de orquesta como el de la oxitocina en las relaciones físicas. Cuando sentimos el contacto corporal, la oxitocina comienza a circular desde las neuronas de un par de regiones de producción y almacenamiento de nuestro cerebro llamadas *núcleo paraventricular* y *supraóptico*, a las que podemos denominar Zona Industrial OX [figura 2]. Los besos y los abrazos, así como el roce de los órganos sexuales, ponen en marcha la síntesis y la circulación de esta molécula en cantidades ingentes.

Del fascinante papel que juega la oxitocina en el vínculo de pareja hemos aprendido en gran parte, también, gracias a los mencionados roedores monógamos de la especie *Microtus ochrogaster*, que han generado más literatura que los romances de Julio Iglesias y Leonardo DiCaprio juntos (con la diferencia de que en el caso de estos topillos se trata de literatura científica). Para nuestro regocijo, no es difícil trasladar a nuestra especie los rigurosos resultados obtenidos con ellos. Sin embargo, como buenos humanos cotillas, nos interesa más informarnos sobre Raquel e Íñigo, que después de la tarta de queso y el concierto, bien regado con un par de cócteles, acabaron yendo a casa de Raquel a tomar la última y, seguramente, para acostarse por primera vez.

DE LA IMAGINACIÓN AL CONTACTO, DE LA DOPAMINA A LA OXITOCINA

Cuando el sexo deja de ser terreno de la imaginación y de la ilusión, o, lo que es casi sinónimo, asunto exclusivo de la dopamina, y empieza el contacto físico (besos, abrazos, caricias, etcétera), arranca también la liberación de oxitocina [figura 3b]. Ésta, como ocurría con la dopamina, causa efectos dispares en diversas regiones del cerebro. En este caso, la molécula se distribuye desde la Zona Industrial OX a varios destinos donde produce diferentes reacciones. Las neuronas que reparten oxitocina tienen acceso directo a numerosas zonas del cerebro a través de largas autopistas, como si todo estuviese perfectamente dispuesto para que cuando se libere esta molécula nuestro cerebro pueda quedar sometido al control de diversos comandos que deciden asaltar distintos centros clave [figura 2].

Durante las relaciones sexuales, el impacto placentero más notable tiene lugar porque a la famosa Zona Z llegan los extremos alargados de las neuronas procedentes de la Zona Industrial OX, que descargan de manera masiva la oxitocina que ha de sumarse a la tormenta de dopamina que allí viene gestándose. La llegada de oxitocina durante el contacto físico, y más concretamente durante el coito, procura una intensa sensación de disfrute que quedará vinculada a lo que está ocurriendo en el momento, que es estar en contacto físico con la pareja. Se produce una sencilla asociación de ideas: estar genial gracias a la oxitocina presente en la Zona Z, y estar con Raquel [figuras 3b y 3c].

El perfecto acople entre la sensación de placer y la presencia de la pareja, una presencia real y no imaginada, al contrario que antes, se termina de perfilar porque la oxitocina se libera, además, en otras partes del cerebro [figura 2]. Muchas de estas regiones son las mismas en que hizo su trabajo preliminar la dopamina. La oxitocina que se deposita en la Región Semáforo también facilita el efecto desinhibidor en presencia de la pareja; lo viene realizando desde que Íñigo conoció a Raquel, pero hasta ahora esta molécula no fluía con tanta abundancia. Por añadidura, también al igual que ocurría con la dopamina, la oxitocina promueve el fortalecimiento de los recuerdos del momento y del ser querido en la región implicada en la memoria, el hipocampo. También se deposita en la amígdala, donde incentiva que se doten de valencia o significado positivo las emociones asociadas a la pareja [figura 2].

Este último fenómeno, al que también contribuía la dopamina en las primeras etapas del enamoramiento, es fascinante. La amígdala es una región del cerebro que hace las veces de archivo, pero no uno basado en recuerdos, sino en valoraciones subjetivas que, como tales, pueden evolucionar. Es decir, sería más parecido a la sede de nuestros medios de comunicación, que intentan ser objetivos, pero no pueden evitar tener una tendencia, una línea editorial. En consonancia con lo descrito, no cabe duda de que el enamoramiento es uno de los procesos que más propician el autoengaño; por ello, en la amígdala de Íñigo se almacena una opinión superfavorable de Raquel. Cada decisión que toma o cada comentario que ella hace corroboran para Íñigo que es la pareja ideal y acrecientan las ganas de estar en su presencia. Esto ocurre gracias a que las moléculas que encharcan su cerebro sabotean la amígdala y dotan a Raquel de valencia, de valoración positiva, con arbitrariedad y contundencia, como unos terroristas sublevados que toman los medios de comunicación en un golpe de Estado para obligar a todo un país a escuchar su mensaje. La dopamina y la oxitocina realizan esta serie de funciones descritas y otras muchas más que, en conjunto, se asemejan mucho a esa búsqueda de la perfecta sintonización de una emisora de radio de la que todo lo que escuchemos nos parecerá maravilloso y a la que no podemos dejar de atender. Modulan y perfilan las regiones cerebrales para que captemos y recordemos con nitidez todas las señales que vengan de nuestro ser amado. Por supuesto, también para que, además, encontremos irresistiblemente placentero y deseable lo que rodea el romance.

Aunque algunas de las tareas de la dopamina y la oxitocina resulten redundantes, otras son específicas de cada una de estas moléculas. Por ejemplo, mientras que la dopamina es la experta en premiar con placer anticipado, la oxitocina será la que regale a Íñigo y a Raquel la sensación del placer asociado a estar junto al otro, en contacto directo.

EL ORGASMO ES EL PUNTO DE INFLEXIÓN

La liberación de oxitocina ocurre en pequeñas dosis con cada abrazo, con cada caricia y con cada beso. Íñigo y Raquel sintieron la primera gran descarga al rozarse por primera vez la noche en que se conocieron, pero aquella liberación de oxitocina fue frugal y anecdótica, sólo ecualizó sutilmente sus cerebros. Después, la circulación de oxitocina en su cuerpo creció progresivamente cuando se besaron y las relaciones sexuales subieron de nivel, hasta volverse una descarga desmesurada cuando alcanzaron el orgasmo. En ese momento todos los procesos mencionados se potenciaron [figura 3c].

Por supuesto, las relaciones sexuales arrastran incontables consecuencias fisiológicas adicionales en los cuerpos de Íñigo y Raquel, desde la variación en el tamaño de las pupilas hasta la alteración del ritmo cardiaco. Asimismo, otras reacciones serán singulares y características de cada sexo, e incluso particulares de cada individuo en función de su experiencia, implicación, promiscuidad, etcétera; pero ningún impacto es tan notable y general como las sensaciones de placer que causan las cascadas de oxitocina y dopamina en sus correspondientes zonas Z en el momento álgido [figura 3c]. Durante el sexo íntimo, la dopamina y la oxitocina pulsan juntas y a dos manos el botón del placer de la Zona Z y provocan esa sensación indescriptible de sacudida que consolida un punto de no retorno hacia la segunda etapa del enamoramiento.

Tras el éxtasis del orgasmo todo empieza a cambiar. La actividad sexual finaliza con un relevo en el tipo de autopistas que se activan, como si de repente se tomara conciencia de haber consumido excesiva energía y se apagaran las luces de una pista de aterrizaje de un aeropuerto, para encender otras de bajo consumo. De forma llamativa, en los instantes que transcurren tras el orgasmo, la dopamina pierde su papel protagonista, desaparecen su papel estimulante y su placer anticipado, ese que mira al futuro. Por su parte, la oxitocina se encarga de que sus autopistas sigan funcionando para reforzar el vínculo en el momento presente, lo que garantiza la sensación de placer asociada a la pareja con la que se comparte circunstancia. Si la dopamina desataba la euforia, la oxitocina aterrizada durante el coito en la Zona Z produce un estado de paz, de relax, de que todo está bajo control.

Además, entran en escena otras moléculas que circulan por sus propias autopistas: otras neuronas liberan distintos neurotransmisores, como las endorfinas y la serotonina. Estas moléculas contribuyen a una sensación agradable alejada de la euforia característica de la dopamina, ya que son moléculas satisfactorias, no excitantes. La combinación de placeres calmados resulta extraordinaria tras el orgasmo. Obviamente engancha, a su manera, de forma diferente a la dopamina: más como la ópera que como el reguetón.

Tras el pico de placer, el efecto más potente es la sensación de calma y de afecto dirigido y asociado con precisión a la pareja. Raquel e Íñigo habrán establecido un vínculo, quizá cada uno a su manera, gracias a la oxitocina y sentirán un placer calmado gracias a las sustancias liberadas tras el orgasmo. La principal consecuencia del cambio de actividad, del reemplazo de ingredientes en la ensalada que se produce tras las relaciones sexuales, es la iniciación de una forma novedosa de satisfacción, la que causa el placer consumado. Inmediatamente después del sexo se detiene la avidez que gobernaba hasta el momento, baja la ansiedad y se disfruta de un placer relajado, de la realización por la necesidad satisfecha, como si se detuvieran los pesados ruidos de los trabajos de una obra vecina. Debido a la progresiva renovación de las moléculas y las autopistas que intervienen en el proceso, Íñigo y Raquel estarán satisfechos, pero, en ningún caso, eufóricos. Asimismo, el estado de relajación devuelve cierta lucidez, ya que la interrupción de la actividad dopaminérgica libera, en parte, de su secuestro a la Región Semáforo, que recupera sutilmente su actividad controladora.

Si las relaciones sexuales han sido satisfactorias, esa vuelta a la normalidad se realizará habiendo fortalecido el vínculo. La oxitocina, que todavía contribuye a bloquear la Región Semáforo, estará en la cresta de su actividad y se habrá encargado de crear un apego duradero con esa persona, de quien se refuerza una visión ecualizada y pulida para conservar la atracción y el interés en tenerla cerca. Cada abrazo liberará pequeñas dosis de oxitocina que provocarán pequeños picos de placer. El cerebro de Íñigo se habrá remodelado de modo que la mera presencia de Raquel revivirá levemente la gratificante liberación de oxitocina en la Zona Z.

Se establece, además, una jerarquía lineal: ver a Raquel es placentero, tocarla lo es aún más, abrazarla más, etcétera, todo ello consecuencia de la liberación proporcional de oxitocina asociada a cada evento. Por supuesto, cada sucesivo orgasmo producirá una renovada e inmensa sacudida. Está claro que a estas alturas no existe ninguna duda de que Raquel está en perfecta armonía, disfrutando al unísono, aunque haya declinado hacer declaraciones a este medio.

Por su parte, aunque la función de la dopamina haya decaído, su trabajo no habrá acabado de forma definitiva en la pareja; a partir de las relaciones sexuales, la dopamina se comporta como el ejército que retira progresiva y lentamente las tropas del frente durante meses tras el final de la guerra. O, más bien, la situación se asemeja a retirar a los soldados agotados y enviar a camilleros y a médicos. Horas y días después del sexo, tras la separación de los cuerpos, la dopamina volverá a causar placer anticipado con cada llamada, plan o propuesta de la persona amada, al menos hasta pasados unos meses, cuando, poco a poco, decaiga definitivamente el efecto. Esto ocurrirá cuando las noticias, los planes y los encuentros dejen de ser novedosos, cuando acostarse con Raquel sea algo cotidiano para Íñigo y viceversa. No puede ser de otra manera, pues el objetivo principal que buscaba el cerebro enamorado ya se ha logrado. Toca disfrutar del presente, pero a costa de perder la capacidad de sorpresa y de euforia.

En resumen, tras el primer encuentro sexual, la dopamina habrá empezado una nueva dinámica de ocupar, de forma lenta y paulatina, un discreto segundo término que, como veremos, guarda sus propias sorpresas. Mientras tanto, la oxitocina se mantiene firme en los enamorados y muestra un efecto largo y duradero. La situación molecular produce un reflejo en la vida de las parejas: se reduce la ansiedad de aspirar a objetivos no logrados y se disfruta el vínculo real y presente. Se deja de vibrar con la imaginación y se disfruta del simple abrazo de la persona que se anhelaba y que ahora es una pareja de carne y hueso. Es, sin duda, toda una nueva etapa que la pareja atraviesa en algunos casos de forma progresiva y en otros de manera más abrupta, con mayor o menor éxito, pero que empieza a despuntar en cuanto los cuerpos se conocen de manera íntima. Es el principio del camino hacia la relación madura, pero no es repentino ni inmediato, ya que la dopamina no deja de fluir de la noche a la mañana. Comerse todas las tardes un helado deja de procurar una ilusión infantil hacia el final del verano, no tras la primera semana de disfrutar del cremoso premio.

8

OTRO INCISO: LA IMPORTANCIA DE RECICLAR Y ETIQUETAR

OXITOCINA, MATERNIDAD Y RECICLAJE

Aquellas mujeres que hayan recibido una inyección de oxitocina para facilitar el parto pueden sorprenderse al enterarse de que esta molécula tiene un papel en el amor, un tema en apariencia muy alejado de las contracciones uterinas.

La oxitocina aparece de forma ubicua en el organismo de todos los mamíferos y es tan grande su importancia que bien podríamos cambiar el nombre a todos los seres vivos que dan a luz a sus hijos y denominarlos, en lugar de mamíferos, *oxitocinos*.

La oxitocina es un compuesto que tiene las características de una hormona, o sea: aunque se produce en el cerebro, promueve diversas tareas en distintas partes del cuerpo. En las mamíferas su función más conocida es inducir el parto y contribuir al inicio de la lactancia. Sin embargo, quizá su rol primordial para los *oxitocinos* sea su participación en el establecimiento de los cuidados parentales. Es decir, la presencia de la oxitocina es fundamental para formar el vínculo madre-cría, de forma análoga a como lo hace entre Íñigo y Raquel en el enamoramiento.

El mecanismo para tejer ese importante lazo es el siguiente: una vez liberada durante el parto, mientras inunda el torrente sanguíneo materno para facilitar las contracciones uterinas, la oxitocina se encarga de moldear el cerebro de la madre para que sienta placer al entrar en contacto con aquello que caiga en sus brazos, que, no casualmente, será su cría. Esto es, replica el proceso de pulsar el botón del placer que ocurría durante el sexo, pero en presencia de un bebé, en lugar de hacerlo en presencia de una pareja. Como es natural, el fenómeno también implica los mecanismos complementarios de dotar a esa criatura de valencia positiva, de ecualizar su imagen favorablemente y de grabar esta valoración en la memoria. Ni que decir tiene que de los experimentos en el mundo animal se obtienen fascinantes resultados que muestran este proceso de vinculación. Por ejemplo, mediante una inyección de oxitocina, una rata virgen pasa a comportarse como una madre y a cuidar a las crías que le presentan. Esta conducta es análoga en los machos de mamíferos, con algunos matices, pero en ellos entra también en juego con un rol preponderante otra molécula, la vasopresina, que alejaremos de esta película de amor para no ignorar por mucho más tiempo a Raquel e Íñigo.

Quizá podríamos decir que, cuando dos personas se enamoran, en parte, están empleando para un nuevo fin la capacidad de atracción que tiene una madre de mamífero por sus crías. Es decir, el uso elemental en la naturaleza de esta particular molécula es maternal: su papel en el enamoramiento es puro reciclaje. De hecho, la mayoría de los animales solamente emplea la oxitocina para producir contracciones uterinas, eyectar leche materna y crear un lazo afectivo con sus crías. Por ejemplo, las hembras de perro reconocen, cuidan y protegen a sus crías gracias a la oxitocina, pero no se enamoran de los machos. Solamente algunos mamíferos, como los topillos y los seres humanos, disfrutamos de la función adicional de la oxitocina de crear un vínculo placentero con la pareja.

Exaptación es un término de la jerga evolutiva que se emplea para describir el aprovechamiento de un recurso para usarlo con un fin diferente. En nuestra casa, si utilizamos un cuchillo para tocar el tambor, estaríamos experimentando un proceso de exaptación, algo muy frecuente en la evolución de las especies. Teniendo esto en cuenta, se postula que el vínculo placentero que genera la oxitocina en las relaciones amorosas de los seres humanos sería una exaptación del mecanismo materno de reconocimiento y vinculación a los hijos.

LA MAGNITUD Y EL ETIQUETADO DEL RECICLAJE

Que el amor sea un posible reciclaje del vínculo maternal no quiere decir que el apego romántico produzca un afecto idéntico al que siente una madre por un hijo, ni mucho menos. Simplemente señala que es un mecanismo que se origina en las mismas regiones cerebrales. La principal diferencia radica en cómo etiqueta el cerebro a los individuos implicados. Si buscáramos una analogía, podríamos pensar en dos viajes distintos a un mismo destino. Imaginemos que por nuestra graduación fuimos a Egipto y en nuestra luna de miel volvimos a visitarlo. Ambas aventuras nos proporcionaron vivencias gratificantes y momentos excitantes, nos mostraron lugares exóticos y nos encantaría repetirlas. Es probable que en ambos viajes nuestro cerebro viviese experiencias similares en términos de aprendizaje, diversión y cantidad de recuerdos generados. Sin embargo, las características de estos recuerdos y estas emociones pueden diferir; unos más jocosos, con compañeros de estudios y noches en vela, y otros más sentimentales, recién casados y con cenas románticas en sitios caros, por ejemplo. Hemos insistido en que la oxitocina, al inundar la Zona Z, activa la sensación de placer consumado asociado a estar con la pareja, pero también hemos comentado brevemente que, entre sus funciones, se encuentra ayudar a realizar un perfecto etiquetado del ser amado. Facilita la atribución del significado emocional y el recuerdo de la pareja para que lo asociemos con emociones positivas. Es decir, la oxitocina promueve que los archivos de nuestro cerebro guarden con sumo cuidado la memoria de quién es nuestra pareja, cuánto nos importa (mucho) y en qué modo (sexoafectivo). El proceso de etiquetado cerebral de la madre con sus crías es perfectamente análogo; sólo es diferente la descripción que se recoge en regiones como la amígdala. En ella se definen las emociones y el valor que a éstas se les debe dar, que, indiscutiblemente, es elevadísimo pero distinto del que tiene nuestra pareja sentimental. De hecho, este efecto de la oxitocina sobre la amígdala, que permite codificar el significado de las personas, se comprende mejor en su versión rudimentaria y simplificada en las ratas: las hembras vírgenes muestran rechazo y cierto temor ante la presencia de crías ajenas; sin embargo, pierden el miedo y además empiezan a cuidarlas si se les inyecta oxitocina en la amígdala; así, dejan de catalogar a las crías en sus archivos como seres extravagantes y pasan a considerarlas seres queridos a los que proteger.

La dinámica de la oxitocina en nuestros cerebros nos recuerda lo importantes que son dos elementos: la dosis y la valencia. Esto es, la cantidad de oxitocina liberada y la codificación de su significado en función de quién esté provocando el estímulo. No podemos olvidar que el placer que producen los abrazos de los amigos y otros seres queridos procede de las pequeñas dosis de oxitocina que se liberan en la Zona Z. Son pequeñas presiones en el botón del placer con un significado y una intensidad que, si bien no se asemejan ni alcanzan a los del amor romántico ni a los del amor materno-filial, sí resultan agradables y positivos, y se etiquetan como *amistad*. Son una dosis moderada de placer de una persona semiimportante, alguien por quien nuestras neuronas no empujan a dos manos el botón de la Zona Z, pero sí lo aprietan con delicadeza como un timbre. Un abrazo de la pareja supone una dosis mayor y más importante aún es la dosis tras un orgasmo. O la mirada de nuestro hijo recién nacido. Todos los casos implican la liberación de oxitocina y su llegada a la Zona Z, pero en distintas dosis y, de forma fundamental, con significados diversos en nuestros centros de interpretación.

9

ESTABILIDAD: RECEPTORES Y SORPRESAS DESAGRADABLES QUE ESCONDE EL CEREBRO

LOS PUESTOS FRONTERIZOS DEL AMOR

Desde el primer momento, el enamoramiento de Íñigo impulsó a diversas neuronas a trabajar en la producción de distintas moléculas, así como supuso hacer reformas en numerosas regiones del cerebro. Hemos comentado algunos de estos remodelados sin llegar a detallar que las principales novedades arquitectónicas que sufren las regiones implicadas consisten en la instalación o en la retirada de puertos de entrada o peajes en las neuronas que las forman [figura 3].

En la terminología científica, esos peajes simbólicos son los receptores neuronales. Antes los presentábamos como los embarcaderos que esperan al otro lado del río cuando una molécula cruza de una a otra neurona. En el caso del enamoramiento, nos interesan particularmente los receptores que se localizan a las puertas de las regiones cerebrales donde termina un importante mensaje. Recordemos que unos receptores concretos permitían que la dopamina transmitiera su señal a la Zona Z y que eso generaba el placer que sentía Íñigo al recibir un mensaje de

Raquel en los primeros días del amor. Se trata, entonces, del puerto final donde recala el barco y el mensaje es leído.

Las moléculas que participan en el enamoramiento (dopamina, oxitocina, etcétera) viajan a través de largas autopistas de neuronas hasta sus destinos, que son estructuras como la Zona Z o la Región Semáforo, pero para que estas moléculas tengan efecto deben comunicar su presencia en dichos destinos. Así pues, podemos imaginar a los receptores de estas regiones como los controles fronterizos en los que un viajero debe enseñar su pasaporte después de desembarcar al término de su viaje.

La variación en la cantidad de receptores que presenta cualquiera de las regiones cerebrales que hemos ido describiendo resulta muy determinante en la transmisión de la señal. Por ejemplo, si existen muchos puestos fronterizos de entrada de oxitocina en la Zona Z, cuando las neuronas que llegan a ese destino descarguen la molécula en cuestión, el mensaje se comunicará de forma mucho más contundente y, por tanto, producirá un efecto o una sensación de mayor calado. Sería como si más pasajeros fueran capaces de enseñar el pasaporte simultáneamente en el destino.

No podemos olvidar que los diferentes puestos fronterizos de entrada transmiten mensajes de características dispares porque cada tipo de receptor es capaz de recibir una molécula. Es como si cada receptor admitiese pasajeros de una nacionalidad con sus pasaportes diferentes. Por ejemplo, la llegada de la oxitocina a la Zona Z se produce a través de sus particulares peajes o puestos fronterizos, los receptores de oxitocina, que difieren de los de dopamina. Esto ayuda a comprender algo relevante: por qué distintas moléculas provocan efectos diferentes en un mismo destino [figura 3].

¿QUÉ HA CAMBIADO EN EL CEREBRO DEL ENAMORADO?

Los grandes cambios producidos en el comportamiento de Íñigo a raíz de enamorarse de Raquel se explican a escala microscópica por la aparición (o desaparición) de estos receptores en determinadas neuronas de zonas concretas de su cerebro. El fenómeno podría resultar equivalente a la implantación de una nueva política de gestión de fronteras de un país o de la red de carreteras de nuestra región.

En la primera fase del enamoramiento, la llegada de mensajes y respuestas de Raquel que invitaban a Íñigo al optimismo incitaban a las neuronas que constituyen la Zona Z de su cerebro a colocar más y más receptores de dopamina [figura 3a]. Podría compararse con lo que ocurre en las ciudades históricas durante el fin de semana: los restaurantes despliegan un número mayor de mesas en sus terrazas y las autopistas abren más puestos de peaje para poder responder a la creciente afluencia de turistas. Asimismo, las primeras caricias que se hicieron, por leves que fueran, ocasionaron la llegada de la oxitocina a la Zona Z, que reaccionó de la misma manera: desató la proliferación progresiva de más receptores para recibirla, como si estuviera anticipando los raudales de esta molécula que iban a empezar a fluir [figura 3b].

Por tanto, en el punto álgido del amor podemos imaginar todas las estructuras implicadas en el enamoramiento llenas de receptores de dopamina y oxitocina para poder asumir la gran cantidad de estas moléculas que reciben [figura 3c]. Hasta este momento de la historia las modificaciones han ocurrido en una única dirección, la de incorporar más y más receptores en diversas regiones del cerebro de Íñigo. Sin embargo, estas modificaciones son reversibles, es decir, los receptores, si se infrautilizan debido a la menor afluencia de moléculas, comienzan a retirarse progresivamente, nunca de forma drástica ni fugaz, pero sí consistentemente y, además, en ocasiones siguiendo dinámicas sorprendentes o pasando por novedosos estados transitorios.

EL LADO OSCURO DEL AMOR

Aunque no corresponde a su área profesional, Íñigo sabe que los grandes capitales financieros que tanto admira prefieren no correr riesgos y diversificar sus inversiones. De forma similar, el amor, al igual que las adicciones, construye un vínculo con dos estrategias, como si de manera intencionada, nada más lejos de la realidad, quisiera garantizar su eficacia. El sentimiento más potente que existe no podía ser un proceso simple y que se jugara a una sola carta.

Por un lado, la relación romántica presenta una vertiente que podemos calificar de bondadosa, protagonizada por las rutas de recompensa placenteras. Sin embargo, simultáneamente, el enamoramiento presenta una faceta más oscura que consiste en provocar un enorme malestar, con una fuerza igual o más potente que la anterior, cuando no estamos con nuestro ser amado.

Durante las primeras etapas de la relación, cuando Raquel e Íñigo se escribían los primeros mensajes organizando qué día quedar, la dopamina causaba placer anticipado con su llegada a la Zona Z. Esto se lograba a través de un peaje concreto, el receptor de dopamina tipo 2. Este puerto de entrada de la dopamina se halla desplegado de forma constitutiva en los muros exteriores de las neuronas de la Zona Z de cualquiera de nosotros, esperando que lleguen sorpresas agradables. El intercambio de los primeros mensajes entre Raquel e Íñigo desató la actividad reformista de su Zona Z [figura 3a]. En primer lugar, se crearon muchos más receptores de tipo 2 para poder atender el aumento de dopamina que llegaba y así producir intensas respuestas en forma de placer anticipado. A continuación, los avances en la relación exigían la existencia cada vez mayor de receptores de dopamina en la Zona Z para estar en equilibrio con las descargas masivas de esta molécula y poder generar una respuesta placentera a la altura de la demanda [figura 3b].

Sin embargo, tras meses recibiendo día tras día el mismo impulso, como los mensajes positivos de Raquel o la acumulación de orgasmos, la repetición y persistencia del mismo tipo de estímulo desencadena un giro inevitable en el destino de las neuronas que forman la Zona Z. Éstas comienzan de manera discreta el despliegue de otros receptores de dopamina diferentes, unos que saben contemporizar los excesos. Para ello, poco a poco se empiezan a producir receptores de dopamina de tipo 1, que reemplazan progresivamente a los de tipo 2: unos crecen en número y otros decrecen (después de meses de haber aumentado exageradamente su presencia) [figura 3d]. La situación sería semejante a aquella en que el exceso de turistas en una ciudad provocara que se abrieran nuevos restaurantes, pero de comida de menor calidad servida con premura y desinterés.

Al cabo de unos meses de relación estable, el cerebro de Íñigo luce estos nuevos peajes de tipo 1, unos desembarcaderos diferentes para recibir la dopamina en la Zona Z. Este fenómeno tiene consecuencias sorprendentes. Mientras que los receptores de tipo 2 provocan placer anticipado y euforia, la llegada de la dopamina al receptor 1 compensa y contrarresta este efecto. Es decir, la excitación que causa la dopamina en contacto con los receptores de tipo 2 se anula por la presencia y la actividad de los nuevos peajes [figura 3d]. Esto, en buena lógica, se traduce en un cambio gradual de nuestras sensaciones y, por consiguiente, de nuestro comportamiento. La menor frecuencia e intensidad de los picos de felicidad es tan sólo uno de los elementos de esta decadencia.

Aunque pueda parecer sorprendente, esta reforma protege la estabilidad de la pareja, ya que dificulta la expresión del placer anticipado ante otros estímulos. Si a Íñigo se le acerca una nueva pareja potencial cuando su Zona Z está plagada de los novedosos y represivos receptores de tipo 1, se mostrará muy poco capaz de sentir la misma euforia que le recorrería en condiciones normales. Por ejemplo, una mujer atractiva que se le acercase en la fiesta navideña de la empresa habría resultado excitante tiempo atrás, pero en su nuevo estado no producirá la misma activación, pues, aunque libere dopamina en presencia de la nueva conocida, su capacidad de sentir placer anticipado o ilusionarse está bloqueada. La consecuencia será que no mostrará excesivo interés en ella: no hay recompensa en forma de placer anticipado, ya que se encuentra saboteada la llegada de una señal que pulse el botón. En conclusión, este reemplazo de receptores supone una merma en la capacidad de ilusionarse con distintas posibles parejas y, por tanto, de poner en peligro la relación. Esta curiosa dinámica proteccionista resulta, sin duda, algo de utilidad para la crianza de seres de nuestra especie, aunque Íñigo y Raquel no estuvieran pensando todavía en este tema.

Por la misma razón, de forma simultánea e inevitable, Raquel, la pareja romántica que tanto emocionaba inicialmente a Íñigo, también va perdiendo su mágico efecto para él (y viceversa, claro). De manera progresiva, las noticias inesperadas o los revolcones con la pareja van dejando de tener la capacidad de ser estimulantes, pues la producción de dopamina va decayendo y, simultáneamente, siendo secuestrada por los aburridos receptores de tipo 1 [figura 3d]. Como resultado de la remodelación, el mismo mecanismo que protege el vínculo de verse amenazado por un tercer individuo ahonda en que la pareja se vuelva poco a poco menos excitante. Esta dinámica de reemplazo de receptores inflige una herida mortal a la etapa más eufórica y descontrolada del enamoramiento, pero no supone más que un cambio de ciclo, porque la oxitocina y el resto de las moléculas participantes seguirán reportando el placer consumado, que premia el vínculo más formal, aunque más monótono.

Este fenómeno explica el cambio de ritmo que muestra la relación de Raquel e Íñigo al cabo de los meses, tras los que pasan a mostrar un tipo de relación más sosegada y formal, se convierten en una pareja estable, lejos de la locura absorbente de los primeros encuentros.

TAL Y COMO UNA ADICCIÓN

Un aspecto llamativo de este proceso de reemplazo de receptores de dopamina es su parecido con la dinámica de algunas drogas recreativas, puesto que éstas producen de manera artificial y descontrolada reformas similares. La convergencia surge debido a que estas sustancias se aprovechan de la existencia de los circuitos de recompensa de nuestro cerebro para generar sus desorbitadas reacciones.

Por ejemplo, los adictos a la cocaína experimentan algo semejante a un enamoramiento loco, con su consiguiente desamor. En las primeras etapas, el consumo de cocaína produce y sostiene en el tiempo la liberación en la Zona Z de cantidades ingentes de dopamina, que, al fluir hasta los receptores de tipo 2, desata la euforia y el bienestar puntual. De hecho, este efecto se consigue al impedir que la dopamina se recicle; es decir, al evitar que los barcos que no encuentran puerto de entrada vuelvan a casa.

El reciclaje o recaptación de la dopamina es algo que ocurre de forma natural cuando no hay suficientes receptores para recibirla. Sin embargo, la cocaína provoca que la dopamina se quede esperando turno para unirse a un receptor. De esta manera, siempre hay un barco dispuesto a desembarcar y los receptores de tipo 2 se ven desbordados de moléculas que los contactan, lo que desencadena una reacción desbocada en la Zona Z. Aunque solamente comentaremos los efectos en la Zona Z, debemos tener presente que también tienen lugar efectos análogos en el resto de las estructuras mencionadas, como la representación y el recuerdo preeminente en la amígdala y el hipocampo, que preparan sus circuitos para idolatrar a la droga.

La dinámica subsiguiente que desata la cocaína en la Zona Z calca el proceso descrito para el amor y el desamor de manera acelerada. Tan pronto como se inicia el consumo, comienza la producción de más receptores de tipo 2 para atender la descontrolada demanda. El problema sobreviene con el consumo reiterado, porque los numerosos receptores de tipo 2 siguen sin dar abasto para atender la imborrable presencia de dopamina. Entonces la reacción de la Zona Z es promover que los receptores de tipo 2 sean desplazados por los de tipo 1. A partir de este punto, por más que consuman, los cocainómanos nunca lograrán la misma euforia que en las primeras ocasiones. Cada vez es necesaria una dosis mayor para aspirar a alcanzar el mismo estado, lo cual es imposible. De este modo se inicia una carrera por estar siempre un paso más atrás que ayer, ya que cada vez hay menos receptores de dopamina de tipo 2. A la frustración y la falta de recompensa que esta situación les ocasiona, se suman progresivamente las secuelas causadas por el creciente arraigo de este hábito. Esto empuja a los consumidores hacia los dos grandes problemas del abuso de estas sustancias.

El primero se deriva de que las drogas, como la cocaína, se aprovechan de estas rutas cerebrales que, en circunstancias normales, se activan en respuesta a logros dificultosos, como conquistar a una pareja anhelada. El uso de una droga supone sabotear esta dificultad activando esas rutas de forma tramposa, rápida e inmediata. En consecuencia, si el subidón es más acelerado, el bajón también será más profundo y llegará más rápido. Así pues, los atajos que toman las drogas para procurar placer de forma rápida e inmerecida tienen como secuela estados mentales anómalos, descontrolados y difíciles de reconducir. Por ello, podemos concluir que tanto el sufrimiento por la pérdida gradual de los efectos placenteros como el desamor con una droga son de dimensiones inhumanas.

Por otro lado, es imposible cometer excesos con sustancias químicas exógenas sin sufrir repercusiones diversas y dispares. Es decir, el segundo gran inconveniente de las drogas recreativas es aún más grave y son las secuelas físicas, entre las que destacan los problemas cardiovasculares, aunque no entraremos en detalle para no desviarnos de nuestra historia.

No es éste el lugar de hablar de drogas, sino de amor. Hemos sugerido que también se trata de una adicción y lo es porque juega con una engañosa estrategia: empieza ofreciendo placer a cambio de un estímulo para, paulatinamente, reemplazar el gozo por malestar en ausencia del elemento estimulante. Afortunadamente, en el amor la dimensión adictiva es natural y se halla testada a lo largo de la evolución, por tanto, sus problemas son solucionables, aunque no por ello poco incómodos. Requieren de tiempo y paciencia, como está a punto de descubrir Íñigo.

Antes cabe añadir que los receptores de dopamina no son los únicos que muestran una dinámica de reemplazo y transformación, ya que es una forma natural de responder de las células, que tienden a equilibrar los excesos. Sin embargo, no todos los receptores se gestionan de la misma manera. Por ejemplo, los efectos de la oxitocina perduran estables y placenteros a lo largo del tiempo; es decir, a pesar de que sus receptores están siendo también sobreexplotados durante el romance, éstos ni se retiran ni se reemplazan. Al menos mientras la pareja no entre en una grave crisis.

10

DESENLACE: RECOMPONER LA REFORMA O PASAR AL AMOR MADURO

TIPOS DE VÍNCULOS Y CRONOLOGÍA DE LA VIDA SENTIMENTAL

Los seres humanos tenemos la capacidad de entablar muchos tipos distintos de relaciones con otros miembros, todas ellas con diferentes grados de implicación e intimidad: no es lo mismo un lazo familiar que una amistad o una enemistad. Dentro de esta variedad, sin duda, destacan por su emotividad y su expresión física los vínculos sexosentimentales, entre los cuales sobresale el amor romántico, el sentimiento más fuerte de los asociados a los comportamientos de pareja.

Sin embargo, no todo el que se empareja se enamora; si no se hubieran dado unas cuantas casualidades, Raquel e Íñigo podrían haberse quedado a medio camino y nunca haber repetido después de una noche de sexo desastrosa, por ejemplo.

Entre los diversos tipos de emparejamientos, en la base de la pirámide o en el primer peldaño hallamos el encuentro sexual, el tipo de interacción más primaria. Los seres humanos, como animales que somos, podemos aparearnos sin profundizar en la relación con el otro espécimen. Aunque no sea lo habitual, podemos. Sin embargo, ni siquiera nos sentimos atraídos a tener relaciones sexuales con todos los demás miembros de nuestra especie, ni mucho menos. Tan sólo nos acostaríamos con un número limitado de individuos a lo largo de nuestra vida. Esto ya instaura un grupo restringido en el que no cabe todo el mundo. Esta aparente obviedad tiene su interés, porque la atracción o el rechazo por individuos concretos revela mecanismos inconscientes de selección. Estos filtros mentales tienen como resultado lo que llamaríamos *el conjunto de las personas que nos gustan*, aquellas con las que, a lo largo de la vida, estamos dispuestos a intentar aproximarnos sexualmente. Por supuesto, algunos de estos mecanismos de elección son personales y otros generales, es decir, no nos gustan las mismas personas a todos los seres humanos, aunque a todos nos guste alguien. Cabe imaginar que la lista de características de estas personas es menos exigente que la de nuestro amor ideal. Es un *post-it* con menos ítems.

El vínculo romántico supone varios grados más de complejidad y ocurre en muchas menos ocasiones que la atracción sexual. Es decir, de entre las personas con las que estamos dispuestos a tener relaciones sexuales, algunas nos parecerán también adecuadas para ir más allá, como les ocurrió a Raquel e Íñigo. Esto selecciona a un grupo bastante reducido de congéneres a lo largo de toda nuestra vida. Dentro de este selecto grupo de elegidos se encontrarán aquellos seres de los que finalmente nos enamoraremos locamente si se dan las circunstancias.

Sin embargo, por causas fisiológicas que también han padecido Íñigo y Raquel, este pico de excitación romántica, esta locura, suele decaer notablemente al cabo del tiempo. Por supuesto, también existen variaciones individuales en la capacidad de amar, pero, pasado cierto tiempo, solamente una fracción de los que se enamoraron serán capaces de pasar a la siguiente etapa: la relación de amor maduro. En consecuencia, las parejas estables de larga duración son todavía más escasas que las de enamorados (por muchas promesas que se hagan cuando están ahogados en dopamina y oxitocina).

AMOR MADURO O SEPARACIÓN

Para hallar una prueba más de la singularidad y la excentricidad humanas, y, más aún, de nuestra plasticidad mental y sublime manejo en la toma de decisiones, tenemos que recordar que, a pesar de que el amor se fundamenta evolutivamente en la crianza de los hijos, los humanos podemos forjar relaciones monógamas sociales con un vínculo profundamente romántico sin llegar a tener descendencia. Es evidente que hay parejas que se enamoran e incluso alcanzan el amor maduro sin plantearse jamás dejar prole. Ésta es la confirmación de que el cerebro no nos pide reproducción ni hijos, sino parejas y relaciones sexuales.

En cualquier caso, si llega a haber descendencia, cabe esperar que la pareja de enamorados pueda realizar la transición a la calma del amor maduro con mayor facilidad que si no tienen ese tipo de ataduras. Esta diferencia se explica tanto por razones prácticas como por los requisitos de atención de los hijos, ya que hay parejas que pasan del fervor romántico al amor maduro con naturalidad porque no tienen tiempo para pensar en alternativas. Sin embargo, muchas parejas se acaban separando cuando se desvanece ese interés irracional y agudo del amor, o bien cuando acaba la crianza. Por el contrario, con el paso de los años, tan sólo una extraña minoría conserva intacto un enamoramiento similar al de los momentos iniciales, sin necesidad de evolucionar al sosiego del amor maduro y viviendo eternamente en la calle de la piruleta. Insisto: son muy pocos.

La transición a un amor maduro, la solución más habitual para mantener la relación, exige cimentar un tipo de convivencia con características casi opuestas a las del amor romántico; por tanto, se debe construir sobreponiéndonos a algunos de los caprichos de nuestra biología, como la pasión por el placer anticipado. Es muy posible que nuestra capacidad de recorrer con éxito el camino que lleva del amor romántico al apego del amor maduro se sostenga en la habilidad para vivir sin el apremio de la excitación de lo novedoso, algo que supone un reto para nuestro hedonista cerebro.

Cuando decae el efecto inicial de la dopamina, bien por la falta de novedades inesperadas, o bien porque esté secuestrada en los receptores de tipo 1, es necesario sobrevivir con las limitadas recompensas de la oxitocina, que sí perduran en el tiempo. En esa resiliencia o conformismo podría hallarse el secreto de las parejas que duran, las que consiguen no despertar jamás al actor que interpreta al villano en el amor: las moléculas del malestar. Sin duda hay numerosos factores, entre ellos diferencias individuales tanto genéticas como culturales, que facilitan o dificultan la tarea. En cualquier caso, en la gestión de esa transición molecular de la dopamina a la oxitocina podría residir, al menos en cierto grado, la posibilidad de alcanzar la etapa final. Saber manejar el cambio podría ser el secreto para viajar con éxito del enamoramiento enloquecido a la estabilidad del amor maduro, el último tipo de relación posible, aunque, como están a punto de enseñarnos Íñigo y Raquel, la cosa no es tan fácil.

LA SEPARACIÓN

Entender a los humanos no es sencillo, excepto, si acaso, cuando eres uno de ellos. Si nos pusiéramos en la piel de un visitante de otro planeta, podríamos valorar en toda su dimensión cómo de sensacional es el hecho de que un cuerpo entre en un estado de imperiosa necesidad de permanecer junto a otro y que, además, precisamente a ese otro le ocurra lo mismo. Es, a todas luces, un milagro de la bioquímica y de la evolución. Así pues, no debería sorprendernos que, finalmente, el fenómeno quiebre y uno de los miembros de la pareja deje de estar en perfecta armonía con el otro.

Aunque hayan vivido un período apasionante, era difícil que Raquel e Íñigo conservaran la sincronía amorosa eternamente. Podemos decir con tranquilidad que por suerte es así, ya que el amor debe promover la constitución de la pareja y, si cumplimos, hará que tengamos descendencia y la protejamos durante la crianza. Sin embargo, (casi) ningún cuerpo podría aguantar el desquiciado estado fisiológico y neurológico del enamoramiento agudo durante décadas. Ni siquiera sería práctico para la crianza, el fin oculto, que también requiere cierta cordura.

Así pues, la desaparición del placer eufórico no tiene por qué ser un problema grave ni definitivo. Al contrario, puede marcar, por ejemplo, el comienzo de una existencia amorosa más relajada y el camino que lleva al amor maduro, aunque eso dependerá de cómo lo vivan los implicados. Es decir, esta transición tiene el potencial de desembocar en distintos resultados, desde asimilarlo hasta considerarlo el motivo para terminar una relación. En el caso de nuestros protagonistas, podemos especular que, al cabo de un par de años de relación, Raquel dejó de encontrar a Íñigo tan interesante y entretenido como le parecía durante las primeras citas porque para ella había desaparecido un ingrediente fundamental: la pasión excitante. Quizá el bloqueo de la Región Semáforo la tuvo obnubilada un tiempo o, por el contrario, quizá fue la convivencia la que empezó a enseñarle rasgos de la personalidad de su pareja que para ella eran *líneas rojas*. Aun así, Raquel no rompería la relación de forma inminente, como le pedía el cuerpo algunos días: había algo en Íñigo que a ella le enternecía; sentía pena de abandonarlo y eso alargó la agonía. Además, otros factores no biológicos entraban en juego: su familia lo apreciaba y, en el fondo, a ella le venía bien tener pareja estable para su ajetreada e hiperactiva vida. Fantaseó, incluso, con la idea de tener hijos, pero al final terminó la relación. Fin.

Es muy difícil entender las motivaciones de cada individuo en particular, ya que todos somos seres sociales complejos que vivimos largas vidas nutridas de situaciones diversas y experimentamos transformaciones, tanto internas (el cuerpo revela nuevas demandas) como externas (conocemos a otras personas; cambiamos de lugar, de trabajo, de aficiones; sufrimos ganancias y pérdidas, situaciones de estrés y de alegría, etcétera). En consecuencia, es imposible aventurar qué impulsó a Raquel a dejar a Íñigo. Quizá podríamos intuir algo sobre sus cambios biológicos, puesto que son aquellos que todos padecemos, como el reemplazo de receptores dopaminérgicos (aunque los distintos individuos mostremos sutiles diferencias en las dinámicas de producción de las diferentes moléculas). En cualquier caso, los aspectos sociales, familiares, profesionales, motivacionales de Raquel son incognoscibles para nosotros, ya que el resto de los seres humanos no los compartimos. Son numerosas las causas que pueden explicar por qué se produce una ruptura, y de esto sabemos todos muchísimo, así que no necesitamos ni científicos ni experimentos con roedores que nos lo expliquen.

En resumen, pese a que no podamos acceder a conocer en detalle qué llevaría a Raquel a armarse de valor para dejar a Íñigo, sí podemos comprender qué ocurre a continuación en el cuerpo de éste, porque, una vez más, hablamos de reformas de arquitectura cerebral. El proceso fisiológico elemental que ocurre en las rutas de recompensa de quien se enfrenta al duelo, ese que hace que no podamos conciliar el sueño en al menos 19 días y 500 noches, según Joaquín Sabina, es común para todos, aunque también algunos lo padezcamos más que otros, y es tan fascinante como biológicamente simple.

TODO LISTO PARA SALTAR POR LOS AIRES

Durante el establecimiento de la relación sentimental entre Raquel e Íñigo las reformas iban orientadas a aumentar la capacidad de sentir más placer y a venerar la imagen de la pareja. Es decir, a facilitar la llegada de cantidades elevadas de dopamina y oxitocina (y otras muchas moléculas) a distintas regiones del cerebro: la Zona Z, la Región Semáforo, la amígdala, etcétera. Sin embargo, existe una inquietante presencia a la que no habíamos prestado atención mientras todo eran alegrías entre Íñigo y Raquel: la de un tipo concreto de receptores que llamaremos BL (bomba latente).

Si todo marcha bien en una relación, estos receptores nunca cumplirán ninguna función y simplemente se dispondrán en el cerebro enamorado de forma cautelar, preventiva, pero para eso Raquel e Íñigo tendrían que seguir juntos eternamente. Estos receptores BL, se llaman realmente CRFR (receptores del factor liberador de corticotropina) y su presencia aguarda de forma silenciosa en las autopistas de oxitocina, dispuestos a causar incómodas sensaciones si son reclamados. Los receptores BL podrían no llegar nunca a entrar en acción, como los desfibriladores cardiacos en los edificios públicos, ya que su única misión es provocar malestar si el romance termina. No se equivoca el detective Harry Bosch, ni muchos otros tipos duros de novela negra, cuando afirma que tener pareja es equivalente a cargar un arma y dejarla encima de la mesa esperando a ser usada.

Los receptores BL asoman en la fachada exterior de las mismas neuronas que transportan oxitocina hasta la Zona Z. Se ocultan en ellas como silenciosos saboteadores que disponen explosivos en puntos estratégicos. Se mantienen inactivos en estas autopistas que producen y trasladan la placentera molécula en presencia de la pareja, preparados para aguar la fiesta, como un ejército que coloca cargas de dinamita en el puente que lleva hasta su propio cuartel, por si acaso hay que volarlo todo por los aires.

¿QUÉ PASA CUANDO EL TOPILLO PIERDE A SU PAREJA?

En caso de sufrir una ruptura durante el enamoramiento, en nuestro cerebro ocurren de forma simultánea centenares de procesos, desde los relacionados con la pérdida de concentración hasta los asociados con la gestión de los recuerdos o las emociones.

En la Zona Z, el epicentro de la fiesta del amor, fundamentalmente tiene lugar la activación del sabotaje que estaba a la espera del desencuentro amoroso, lo que amplifica de forma eficiente el malestar.

Según se ha observado en los topillos monógamos, la separación prolongada de la pareja activa la síntesis de moléculas que responden al estrés. Por ejemplo, se segrega el factor liberador de corticotropina, al que llamaremos

Factor Aguafiestas, que se une a los receptores BL de distintas partes del cerebro, entre ellos los que están estratégicamente desplegados en las autopistas de la oxitocina esperando entrar en escena. Cabe deducir que la circunstancia en el cerebro de Íñigo no diferirá de la de los nostálgicos roedores. Tras la ruptura con Raquel, los receptores BL ubicados en las autopistas de oxitocina contribuirán a que la separación sea especialmente dolorosa. De hecho, la propia Zona Z inicia el sabotaje cuando le llegan las consecuencias de la falta de contacto físico. Ante la carencia continuada de las dosis habituales de oxitocina, inicia la liberación de las moléculas Aguafiestas, que, uniéndose a los receptores BL, bloquean la circulación en esas neuronas. Esto es como decir que la Zona Z decide llamar la atención activando los explosivos que estaban colocados en las autopistas oxitocinérgicas que llegaban hasta ella. Esta estrategia suicida contribuye a impedir la llegada de la menor dosis potencialmente placentera de la oxitocina que ya escaseaba [figura 3e].

Así pues, en caso de ruptura, la oxitocina deja de fluir hacia la Zona Z por dos motivos: tanto porque no hay siquiera abrazos que incentiven su envío como porque se obstruyen las autopistas que la transportarían. Por ello, cuando finalmente Raquel se armó de valor y argumentos para dejar a Íñigo, a él se le cortó radicalmente el suministro del placer consumado. En primer lugar, le faltaba la inyección de raudales de oxitocina que se libera con el contacto físico y el orgasmo, pero, además, si su hermana lo trataba de consolar con generosos abrazos que sintetizasen exiguas dosis de oxitocina en la Zona Industrial OX, ésta no llegaba a acceder a la Zona Z porque la autopista de llegada estaba bloqueada. Es decir, con este mecanismo se autosabotea la capacidad de obtener placer, incluso una pequeña dosis de consuelo, como la que provocaría el abrazo cariñoso de un amigo o un familiar. Se trata de una estrategia realmente potente que logra paralizar todo refuerzo positivo. Solamente una dosis extraordinaria de oxitocina, como la que desataría la auténtica pareja amada, podría revertir el efecto de la barricada del autosabotaje como un tsunami que llegara arrasando a un puerto; pero Raquel no ha estado en ningún momento por la labor de atender las llamadas reconciliadoras de Íñigo y mucho menos de regresar con él.

Si pensamos en un topillo monógamo, en el que no hay una ruptura formal de una relación, sino un alejamiento casual, el efecto más inmediato que causará el malestar provocado por los receptores BL es el de motivarlo para correr a reencontrar a esa pareja que produce la necesaria y copiosa liberación de oxitocina y detiene al inquietante Factor Aguafiestas. Aquellos humanos que conocemos el malestar podemos afirmar que, desde luego, el mecanismo de chantaje para volver a nuestra fuente de oxitocina es francamente exitoso. Invita a pensar que, cuando la biología ha apostado por una relación concreta, despliega todos los recursos posibles, en el topillo y en el ser humano, que contribuyan a forzar el reencuentro, imprescindible para el oculto objetivo de la reproducción y la crianza.

En muchas ocasiones, el reencuentro nunca llega a ocurrir, como en el caso de Raquel e Íñigo, ya que esta historia no aspira a ser adaptada al cine de Hollywood. Sin la recuperación del contacto con la pareja, el malestar solamente se repara con el paso del tiempo, cuando la Zona Z va retirando progresivamente tanto los receptores de dopamina y oxitocina (que se encuentran en desuso) como dejando de alimentar los traidores receptores BL. Nuestro cuerpo y nuestras células funcionan en gran parte como buenos termostatos, pero de reacción muy lenta. Es decir, al igual que cuando bullían la dopamina y la oxitocina se sintetizaron nuevos receptores, tras largos períodos sin recibir los abrazos de Raquel, en la Zona Z de Íñigo se habrán desmantelado todos los receptores colocados durante la burbuja de locura amorosa, de manera análoga a como se desmontan los escenarios después de los macroconciertos.

Asimismo, con el paulatino abandono y desuso de los receptores BL, Íñigo irá recuperando la normalidad y la disposición para disfrutar los pequeños abrazos de su hermana y sus amistades, que le podrán surtir de pequeños picos de oxitocina. Igualmente, con el tiempo recobrará la capacidad de enamorarse.

No cabe duda de que también Raquel lo habrá pasado muy mal en este proceso. Su cerebro había sufrido las mismas reformas que el de Íñigo, aunque es probable que su estrés aguafiestas tras la separación fuese menor y, con ello, todos los mecanismos de sufrimiento estuvieran menos agudizados. Además, quizá, el desmontaje de algunos receptores ya se realizó de manera menos abrupta mientras ella se mentalizaba de la ruptura. En este caso, podríamos sospechar que su dopamina volvía a fluir estimulada por otros motivos, como haber conocido a otra persona interesante y, de nuevo, excitante, que aceleró la reedición de todos los procesos.

FIGURAS

FIGURA 1

NEURONAS FORMANDO UNA RED
DE COMUNICACIÓN EN EL CEREBRO

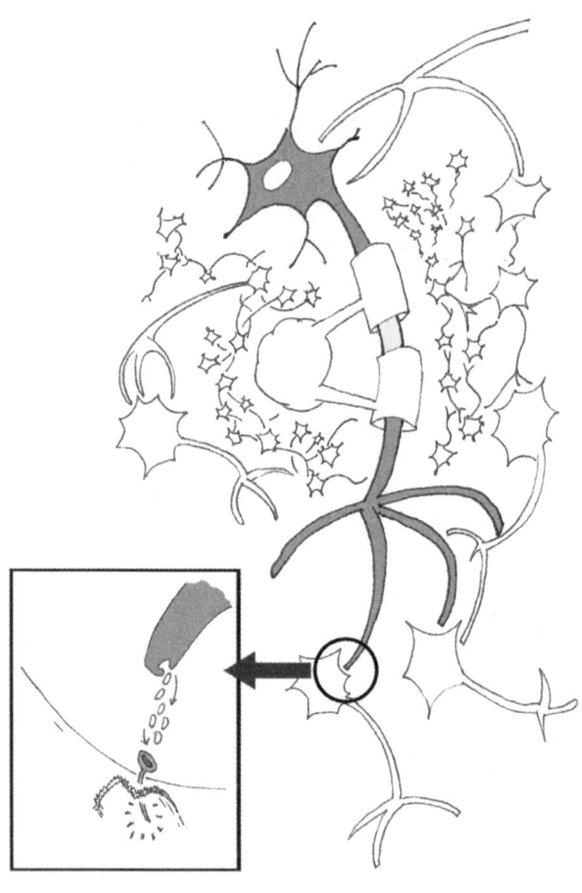

Las neuronas que forman el cerebro son células alargadas que, al estar interconectadas, dan lugar a una compleja red. Flotan en un medio espeso y se encuentran protegidas por otras células de soporte en las que se anclan (como el astrocito que aparece abrazando el axón o eje principal de la neurona que ocupa el centro de la figura). Las neuronas no están en contacto unas con otras: existe una minúscula distancia de separación (o sinapsis) entre ellas.

Para comunicarse entre sí, las neuronas deben liberar moléculas transmisoras sobre la neurona contigua [véase recuadro con detalle]. Estas moléculas contactarán con receptores específicos que asoman en la cara externa de la neurona a la que se dirigen. Los receptores transmiten el mensaje al interior de la neurona, que, como consecuencia, interpreta el mensaje o activa una corriente eléctrica para transmitirlo hacia el siguiente destino.

FIGURA 2

LOCALIZACIÓN DE LAS REGIONES CEREBRALES IMPLICADAS EN EL ENAMORAMIENTO

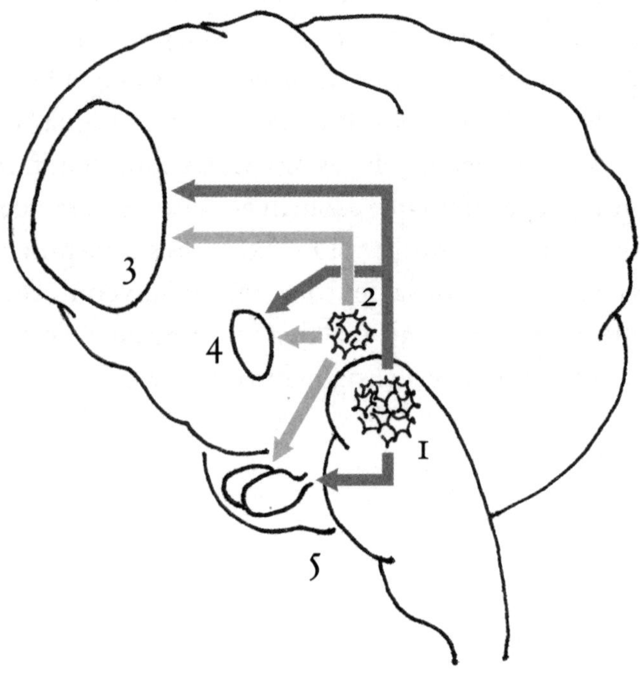

Corte sagital de un cerebro humano donde se muestran las principales áreas involucradas en el enamoramiento de Íñigo y Raquel. Las flechas indican la dirección de las largas fibras de neuronas que llevan las moléculas a sus destinos.

1. Almacén D (área tegmental ventral).
2. Zona Industrial OX (núcleos paraventricular y supraóptico).
3. Región Semáforo (corteza prefrontal).
4. Zona Z (núcleo accumbens).
5. Amígdala e hipocampo.

Las estructuras no aparecen a escala ni se representa con precisión su forma (recordemos que el hipocampo tiene forma de caballito de mar, al menos según quien lo diseccionó y nombró). Éstas son tan sólo las estructuras principales descritas en este libro; otras regiones importantes se han ignorado para facilitar el esquema.

FIGURA 3
REPRESENTACIÓN ESQUEMÁTICA DE LA DINÁMICA DE MOLÉCULAS Y RECEPTORES EN LAS DISTINTAS ETAPAS DEL ENAMORAMIENTO

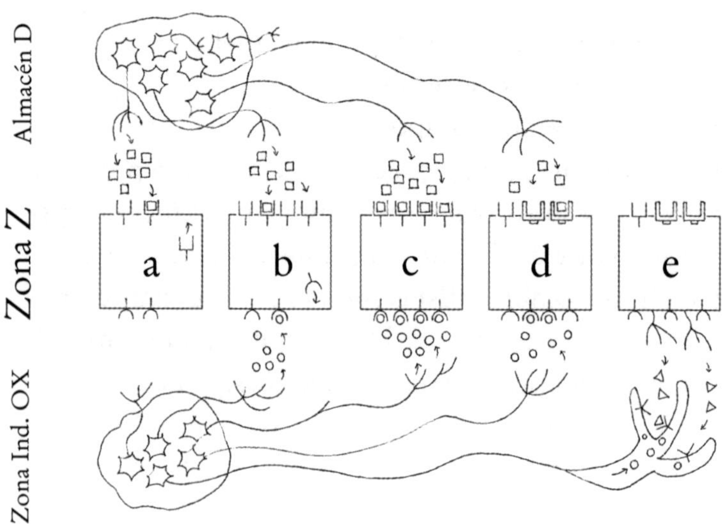

- □ Dopamina
- Receptor de dopamina tipo 2
- o Oxitocina
- Receptor de oxitocina
- Receptor de dopamina tipo 1
- ▽ Factor Aguafiestas (CRF)
- Receptor del Factor Aguafiestas (CRFR)

La figura representa la liberación de dopamina y oxitocina en la Zona Z durante distintos momentos del enamoramiento. Las neuronas del Almacén D (parte superior izquierda) se extienden para entregar dopamina en los receptores específicos de la Zona Z (cuadrados centrales). De igual manera, desde la Zona Industrial OX (parte inferior izquierda) se entrega oxitocina a la Zona Z.

Las etapas representadas en orden cronológico de izquierda a derecha son:

a) Euforia previa al noviazgo: la liberación de dopamina provoca un placer anticipado gracias a sorpresas inesperadas o a la llegada de buenas señales (planes de citas, etcétera) en fechas anteriores a los encuentros íntimos. La Zona Z se prepara para producir más receptores y así poder asimilar los incrementos de dopamina.

b) Encuentros presenciales: se produce la liberación de dopamina y de oxitocina como consecuencia de los avances en la relación y el establecimiento de alguna forma de contacto físico. De nuevo, la Zona Z reacciona a los estímulos con la producción de receptores.

c) Relaciones sexuales: la liberación de estas moléculas alcanza su punto álgido. Tiene lugar la gran tormenta simultánea de dopamina, oxitocina y otras moléculas implicadas (no representadas).

d) Establecimiento de la pareja formal: la oxitocina mantiene sus autopistas funcionando para reforzar el vínculo. Comienza el proceso de reemplazo de los receptores de dopamina de tipo 2 por los de tipo 1 que limitan la capacidad de ilusionarse, pero, indirectamente, protegen la fidelidad de la pareja.

e) En caso de ruptura, la Zona Z libera el Factor Aguafiestas (pequeños triángulos), que se une a sus receptores específicos en las neuronas que transportan y liberan oxitocina. Esto supone un obstáculo para la llegada de esta molécula a su destino y, con ello, se limita la producción de bienestar.

Esta historia propone un modelo simplificado de todo el proceso de enamoramiento y ha sido necesario tomarse ciertas libertades para poder ilustrar de manera secuencial cada una de las etapas. Por ello, creo necesario destacar dos debilidades en la historia; la primera es la ausencia de numerosos temas clave muy amplios (por ejemplo, no se habla apenas de dimorfismo sexual porque nos centramos en Íñigo, para simplificar), así como de importantes actores: faltan tanto moléculas (la vasopresina y la serotonina, por ejemplo), como regiones cerebrales implicadas y, desde luego, interacciones entre ellas. Además de esto, en segundo lugar, hay que aceptar que algunos de los resultados científicos publicados en modelos animales se han trasladado a la historia de Íñigo y Raquel con cierta flexibilidad (aunque se ha indicado a lo largo del texto). Por tanto, para un mayor rigor, así como para ampliar conocimientos sobre el tema, sugiero acudir a las fuentes originales.

Una gran cantidad de la información empleada en los capítulos centrales y finales procede del excelente trabajo de revisión que hicieron Wallum y Young (2018), por lo que recurriendo a ese artículo científico se pueden ampliar y aclarar los conceptos más importantes de la parte más compleja. Además, a lo largo del libro se han mencionado los resultados procedentes de, al menos, las siguientes publicaciones:

BLUMENTHAL y YOUNG (2023), «The neurobiology of love and pair bonding from human and animal perspectives», *Biology*, 12(6), p. 844.

Véase el comentario en la cita de Wallum y Young (2018).

BOSCH *et al.* (2006), «Viral vector-mediated overexpression of oxytocin receptors in the amygdala of virgin rats increases aggression and reduces anxiety», *Frontiers in Neuroendocrinology*, 27(1), pp. 124-125.

Véase el comentario en la cita de Pedersen y Prange (1979).

BOSCH *et al.* (2016), «Oxytocin in the nucleus accumbens shell reverses CRFR2-evoked passive stress-coping after partner loss in monogamous male prairie voles», *Psychoneuroendocrinology*, 64, pp. 66-78.

En este artículo científico se propone que el bloqueo de la circulación de oxitocina causada por el factor liberador de corticotropina (Factor Aguafiestas) explica el comportamiento pasivo ante el estrés (semejante a una depresión) que muestran los topillos cuando se los separa de su pareja. Aparte de ser un estupendo trabajo, me parece una bonita coincidencia que el autor principal se llame Bosch, como el cínico detective de ficción que no pude evitar citar en el mismo capítulo en que se trata este tema.

BURKETT y YOUNG (2012), «The behavioral, anatomical and pharmacological parallels between social attachment, love and addiction», *Psychopharmacology*, 224(1), pp. 1-26.

En esta publicación científica se presenta una revisión de los estudios que exploran la idea de que los vínculos de pareja muestran similitudes con las adicciones en cuanto a los circuitos y mecanismos cerebrales que los producen.

FISHER (1994), «The nature of romantic love», *The Journal of NIH Research*, 6, pp. 59-64.

En este artículo divulgativo la antropóloga Helen Fisher expone algunas de las ideas que la han hecho famosa, entre ellas la de la existencia de una lista mental inconsciente de cómo debe ser nuestra pareja ideal. Aunque quizá la propuesta no sea suya en origen, ella la ha popularizado junto con muchas otras reflexiones interesantes sobre las distintas etapas del amor que ha divulgado de forma admirable.

HARRIS y MICHAEL (1964), «The activation of sexual behaviour by hypothalamic implants of oestrogen», *The Journal of Physiology*, 171(2), pp. 275-301.

Este trabajo, de hace unas cuantas décadas, es llamativo por varios motivos, principalmente porque es una de las investigaciones que demuestran el poder de las hormonas sexuales en el cerebro. Entre los resultados, los autores presentan hembras de gato castradas que se vuelven receptivas sexualmente al administrarles estrógenos en el cerebro. Además, se citan numerosos estudios similares que prueban el poder de las hormonas sexuales y en los que se ponen en práctica disecciones en animales de experimentación que hoy en día, por suerte, están terminantemente reguladas o prohibidas. Cabe añadir que desde la legislación europea de 2010, muy estricta al respecto, se cuida y se controla de forma muy rigurosa el bienestar animal.

LUKAS y CLUTTON-BROCK (2013), «The evolution of social monogamy in mammals», *Science*, 341(6145), pp. 526-530.

Este artículo intenta calcular la cantidad de especies que son monógamas sociales (frente a otras formas de vínculo). Se centra en mamíferos, pero tiene referencias a otros trabajos más amplios con distintos grupos de animales. Hay muchos estudios similares, pero éste es de los más completos. En él se analizan 2543 especies de mamíferos y obtiene la cifra de 9 % de monogamia social. Cabe añadir que existe otro tipo de monogamia en la que no sólo hay vínculo y preferencia sexual, sino también exclusividad, la llamada *monogamia sexual*, extremadamente infrecuente. La monogamia social es más habitual y describe el compromiso con una pareja con posibles deslices eventuales; es el sistema de emparejamiento más presente y representativo de nuestra especie.

National Institute of Drug Abuse: https://nida.nih.gov/es/areas-de-investigacion/la-cocaina

La página web del NIDA (National Institute of Health de EE.UU.) recoge explicaciones rigurosas sobre los peligrosos efectos secundarios y secuelas de la cocaína. Es especialmente interesante por la gran cantidad de referencias científicas que aporta.

OETTL *et al.* (2016), «Oxytocin enhances social recognition by modulating cortical control of early olfactory processing», *Neuron*, 90(3), pp. 609-621.

Véase comentario en la cita de Roth *et al.* (2021).

OKUYAMA (2017), «Social memory engram in the hippocampus», *Neuroscience Research*, 129, pp. 17-23.

En este artículo se revisa el papel del hipocampo como región del cerebro donde se almacenan los recuerdos de la memoria social, tanto en roedores como en primates. Lo complementa muy bien la revisión de Shivakumar *et al.* (2024), en la que se mencionan muchas otras estructuras involucradas, entre ellas la amígdala, como se ha comentado en el libro.

PEDERSEN y PRANGE (1979), «Induction of maternal behavior in virgin rats after intracerebroventricular administration of oxytocin», *Proceedings of the National Academy of Sciences*, 76(12), pp. 6661-6665.

Este artículo clásico reveló el radical cambio de comportamiento de las ratas vírgenes con las crías cuando se les administraba oxitocina e ilustró así la importancia social de esta molécula. Posteriormente se han realizado estudios similares con otro tipo de herramientas, como, por ejemplo, el llevado a cabo por Bosch *et al.* (2006).

PREVIC (2009), *The Dopaminergic Mind in Human Evolution and History*, Cambridge University Press.

Es el libro más completo que he encontrado sobre la dopamina. Recopila gran cantidad de resultados que van mucho más allá de lo expuesto en éste. De hecho, es un ejemplo curioso, pues navega entre el texto científico riguroso y la divulgación. Sin duda, su intención es científica, así como su complejidad, pero quizá algunos de sus capítulos sean especulativos de más. Muy interesante aunque árido.

RIDLEY (1993), *The Red Queen: Sex and the Evolution of Human Nature*, Penguin Press Science.

Libro sobre el origen de la reproducción sexual. No es un texto que tenga que ver demasiado con el amor y está algo anticuado, pero es un libro brillante. Divulgación completa y accesible en el mejor estilo anglosajón: una delicia.

ROTH *et al.* (2021), «Multimodal mate choice: Exploring the effects of sight, sound, and scent on partner choice in a speed-date paradigm», *Evolution and Human Behavior*, 42(5), pp. 461-468.

Este artículo de la conflictiva disciplina de la psicología evolucionista evalúa experimentalmente qué sentidos son más influyentes en la elección de pareja: los resultados destacan el papel de la vista en un primer contacto. En roedores, el sentido principal es el olfato, como explican, por ejemplo, Oettl *et al.* (2016), que describen además el proceso de ecualización de la pareja.

SCHEELE *et al.* (2013), «Oxytocin enhances brain reward system responses in men viewing the face of their female partner», *Proceedings of the National Academy of Sciences*, 110(50), pp. 20308-20313.

Véase el comentario en la cita del trabajo de Zeki (2007).

SHIVAKUMAR *et al.* (2024), «Extrahippocampal contributions to social memory: The role of septal nuclei», *Biological Psychiatry,* 96(11), pp. 835-847.

Véase comentario en la cita de Okuyama (2017).

SINGH *et al.* (2020), «Testosterone acts within the medial amygdala of rats to reduce innate fear to predator odor akin to the effects of *Toxoplasma gondii* infection», *Frontiers in Psychiatry*, 11, pp. 630.

Uno de los numerosos trabajos científicos que demuestran que las hormonas sexuales alteran el comportamiento. En este caso concreto éstas eclipsan el miedo que las ratas sienten de forma natural al olor de depredadores. Este artículo en concreto es, además, interesante porque analiza una situación análoga producida por un sorprendente parásito.

WALUM y YOUNG (2018), «The neural mechanisms and circuitry of the pair bond», *Nature Reviews Neuroscience*, 19(10), pp. 643-654.

En este artículo científico con formato de revisión aparecen recogidos gran parte de los resultados que han inspirado los capítulos centrales y finales de este libro. En él, Larry Young, posiblemente la mayor autoridad en el tema, junto con uno de sus colaboradores, resume una parte importante de los descubrimientos realizados con los roedores del género *Microtus* (y otras especies) sobre el vínculo de pareja. Aparte, proponen un modelo que integra todo el conocimiento. Sin duda este es mi artículo favorito. Si a este trabajo le añadimos el de Blumenthal y Young (2023), tendremos la visión más completa sobre el emparejamiento que se ha publicado hasta la fecha. En este último trabajo, además, se comparan los resultados obtenidos en roedores con sus análogos en la especie humana, así como se analizan en detalle los paralelismos entre el amor y las relaciones materno-filiales.

YOUNG y ALEXANDER (2012), *Química entre nosotros*, Alianza Editorial.

Este libro de divulgación está escrito también por Larry Young en colaboración con un periodista científico en un intento de hacerlo más sencillo y divertido. A mí no me encanta el resultado, sin embargo, es un texto muy completo porque recoge la gran sabiduría del autor y aborda muchos aspectos que no se han tratado en este libro, como la importancia de la vasopresina. Su mayor virtud es la cantidad de anécdotas y de datos científicos que aporta como evidencias.

ZEKI (2007), «The neurobiology of love», *FEBS Letters*, 581(14), pp. 2575-2579.

En esta minirrevisión se recogen algunos de los resultados más interesantes que se han obtenido practicando resonancias magnéticas en el cerebro de personas enamoradas con la finalidad de mapear las zonas más activas (y menos) durante la ejecución de las tareas relacionadas con el amor. Lo complementa muy bien el artículo de Scheele *et al.* (2013).

AGRADECIMIENTOS

Puede que no todo el mundo opine igual, pero a mí, pedir a alguien que te revise un texto, me parece un encargo abusivo que solamente me atrevo a solicitar con algo de pudor y mucha confianza. Por eso, hay pocas cosas que aprecie más y considere más generosas que el profundo trabajo desinteresado de Ana B. Fernández, Javier Lucio, Manuel Gallego, Eugenio J. Guzmán-Lavín, Serafín Torres y Carlos García de la Vega; y las valiosas aportaciones de Aitana Peire, Álex Pita, Nuria Zalckwar, Blanca Torres y Juan Serantes.

A Juan Pita, Conchita Domínguez, Elena Pita, José María Arribas, Carmen Arribas Pita y Juan Arribas Pita, además, les doy las gracias por las infinitas formas de ayuda, directa e indirecta, y el afecto que siempre recibo; no sólo a lo largo del proceso de creación.

Irene me ha acompañado en este viaje, en sentido figurado y literal (con todo lo que ello conlleva), por Almería, Vélizy, Martín del Río y Marciac (y de vuelta a Madrid y Tres Cantos); y, en estas últimas etapas, también empujaba Pedrito, que ha demostrado que para ayudar a escribir no hace falta saber leer. A ellos dos, gracias por la compañía diaria, que, aunque sea la que se da por descontada, es la más valiosa.

ÍNDICE